光纤风险监控与应急管理
——模态分析与振场反演

王　松　胡燕祝　编著

中国石化出版社

内 容 提 要

　　本书从理论和工程相结合的角度出发，对 Φ-OTDR 技术所采集的振动信号进行分析梳理，解决了 Φ-OTDR 技术在实际工程应用中的信号表达、信号采集、信号存储等方面存在的"缺乏分布式表达""光纤状态干扰""数据膨胀"等问题。

　　本书内容理论与实际相结合，对提高土木建筑、石油化工、电力、通信、航空等行业的应急管理本质安全风险监测水平有很好的参考作用。

图书在版编目(CIP)数据

　　光纤风险监控与应急管理：模态分析与振场反演／
王松，胡燕祝编著 . —北京：中国石化出版社，2021.8
　　ISBN 978-7-5114-6426-2

　　Ⅰ . ①光⋯ Ⅱ . ①王⋯ ②胡⋯ Ⅲ . ①光纤传感器-
风险管理②光纤传感器-突发事件-安全管理 Ⅳ .
①TP212.4

　　中国版本图书馆 CIP 数据核字(2021)第 162785 号

中国石化出版社出版发行

地址:北京市东城区安定门外大街 58 号
邮编:100011 电话:(010)57512500
发行部电话:(010)57512575
http://www.sinopec-press.com
E-mail:press@sinopec.com
北京富泰印刷有限责任公司印刷
全国各地新华书店经销

＊

710×1000 毫米 16 开本 7.25 印张 135 千字
2021 年 8 月第 1 版　2021 年 8 月第 1 次印刷
定价:58.00 元

前言
PREFACE

　　随着光纤通信行业日新月异的发展，全分布式光纤传感技术也随之诞生，它兼具了"光波传输的抗电磁干扰特性"和"光纤介质的材料特性"的优点。该技术种类繁多且侧重点各不相同，相位光时域反射计（Phase Optical Time Domain Reflection，Φ-OTDR）监测的是分布式振动信号，拥有其他传感系统无法比拟的技术优势，非常契合大型工程监测中的技术特点，在土木建筑、石油化工、电力、通信、航空等这些行业领域中拥有良好的客观需求，受到了专家学者们的广泛关注。

　　目前，Φ-OTDR 在实际应用中主要存在的问题是，研究工作多集中于实验室或模拟环境阶段，更多侧重信息采集仪器的研发和事件信号识别等方面的研究，暂时缺乏振动数据与实际工程、力学理论等方面相结合的研究，因此极大限制了该技术在实际工程领域开展更深入和广泛的研究，也影响了 Φ-OTDR 技术更好地推广使用。

　　根据上述 Φ-OTDR 技术在实际应用中的关键问题，本书主要介绍了全分布式光纤振动传感技术中的模态分析和振场反演在应急管理安全风险监控领域的研究成果，面向 Φ-OTDR 监测技术中的分布式振动信息数据。主要包括以下四个部分：第一是"Φ-OTDR 分布式信号振动模态与振场反演的建模研究"，它是后续研究的基础，确定了后面三个部分的研究对象；第二是"分布式振动模态的多维要素求解研究"，对第一部分分析出的分布式振动模态中多维要素进行求解；第三是"振场反演中关键要素的热力解耦研究"，针对第一部分提出的反演中的关键要素，在已有的求解方法基础上，考虑预应力、预温度和热力耦合的影响，进行热力解耦处理；第四是"Φ-OTDR膨胀数据的压缩感知研究"，对 Φ-OTDR 中的膨胀数据进行压缩感知，在保留振场反演的关键要素基础上，大幅度提高运算效率、压缩存储空间。

本书的出版得到了北京邮电大学现代邮政学院(自动化学院)领导和教授的大力支持，得到中国灾害防御协会工业防灾专业委员会(筹)有关专家和高工的帮助，在此一并表示衷心的感谢！

目 录
CONTENTS

1 绪 论

1.1 研究背景与目的

20世纪70年代，伴随着光通信行业的迅速发展，光纤传感技术也逐渐被人们认识和了解，它是一种"基于光波进行信号解析、依赖光纤进行信号传输和外界感知"的传感技术，因此该技术兼具"光波传输的抗电磁干扰特性"和"光纤介质的材料特性"，且不依赖于单独的传感探头，空间上呈连续分布，特别适合于生产生活中复杂情况和大型结构的健康监测工作。因此，光纤传感技术受到各行业的广泛关注，是未来传感技术的先导，极有可能引领未来传感技术的潮流和发展。

从空间分布特点上看，光纤传感技术分为单点式、多点式（准分布式）和全分布式三种类型。在复杂情况和大型结构的健康监测工作中，监测对象往往不是一个点或者几个点，而是呈现一定空间分布场，例如温度场、应力场、振动场等，此时单点式甚至多点/准分布式传感已经无法胜任此类要求，全分布式光纤传感技术的空间连续性优点得到了充分体现和重点关注。在全分布式光纤传感系统中，相位光时域反射技术（Phase Optical Time Domain Reflection，简称 Φ-OTDR /Phase-OTDR /φ-OTDR /Phi-OTDR /ρ-OTDR），通过检测光在光纤中的瑞利散射和相位解析，最终达到监测分布式振动信号的目的。

Φ-OTDR 技术非常契合大型工程监测中的技术特点，在土木建筑、石油化工、电力、通信、航空等这些行业领域中拥有良好的客观需求，但是，在目前的 Φ-OTDR 技术研究中，主要集中于实验室或模拟环境中进行，研究的侧重点更多是面向采集仪器的研发和事件信号的识别等方面，缺乏与实际工程应用相结合，影响了 Φ-OTDR 技术更好地推广使用。

本书主要集中于研究解决 Φ-OTDR 技术在应用中的不足，使其达到更好地监测效果，因此本书从理论联系工程应用的角度出发，对 Φ–OTDR 技术所采集的振动信号进行分析梳理，发现 Φ–OTDR 技术在实际工程应用中的信号表达、信号采集、信号存储方面，尚存在着一些不足：①Φ–OTDR 振动信号包含时间和长度两个维度，但是目前关于振动信号的模态分析研究只是针对"时间轴"进行振动信号分析与表达；②在 Φ–OTDR 技术的信号采集中，光纤本身自带预应力、预温度及热力耦合的现象，会对光纤产生拉伸压缩、热胀冷缩等物理效应，会间接地影响信号采集；③目前伴随着 Φ–OTDR 技术的发展，监测的距离越来越长，监测的空间分辨率越来越小，监测的频率越来越高，监测时间越来越长，这些因素都会使 Φ–OTDR 监测存储数据呈几何倍数增长，数据的膨胀严重影响了分布式信号振动模态的分析效率。为了解决上述"缺乏分布式表达""光纤状态干扰""数据膨胀"的问题，本书需要建立 Φ–OTDR 技术分布式振动模态多维要素分析及其求解方法，来解决对 Φ–OTDR 分布式信号表达不足的问题；同时，本书需要建立热力解耦方法，弥补光纤上预温度和预应力不同对 Φ–OTDR 信号带来的影响；最后还需要一套适合 Φ–OTDR 技术的压缩感知方法，防止 Φ–OTDR 信号在应用中的数据膨胀的问题发生。根据上述内容，本书逐步研究、层层深入，从而最终实现了对 Φ–OTDR 技术进行更好地理论与实际相结合。

本书围绕 Φ–OTDR 技术理论在实际中的应用进行研究，使 Φ–OTDR 技术采集到的振动信号，拥有一套分布式振动模态分析及其求解方法，对 Φ–OTDR 信号形成更加规范、合理、准确的表达，推动了 Φ–OTDR 技术在应用中的进步。同时对振动场反演中关键的振动模态要素，进行热力解耦分析，使振源位置更加准确、振动范围更加清晰，使 Φ–OTDR 技术在实际应用中，不再担心光纤本身的预应力和预温度不同对 Φ–OTDR 信号所带来的影响。在上述研究的基础上，本书采用图像式压缩感知方法对 Φ–OTDR 信号进行处理，对 Φ–OTDR 监测数据的膨胀情况具有良好的抑制效果，使得 Φ–OTDR 技术在应用中，拥有更广的监测距离、更小的空间分辨率、更高的采样频率和更长的监测时间。

1.2　研究现状

伴随着 Φ–OTDR 技术或者分布式光纤传感技术的飞速发展，为了更好地对该技术进行深入系统地分析和探讨，本书从当前技术现状和信号处理两个方面进行综述。

1.2.1 当前现状

分布式光纤传感技术的种类繁多，Φ-OTDR 技术在光纤传感技术分类中，属于相位调制型传感器、功能型传感器、测量振动型传感器、瑞利型传感器、全分布式型传感器。表 1-1 中，主要针对各种类型光纤传感技术进行了简要的描述，突出 Φ-OTDR 技术优势的同时，也可以避免各类光纤传感技术间概念的混淆。

表 1-1　光纤传感技术的分类表

序号	分类标准	光纤传感器类型	序号	分类标准	光纤传感器类型
1	调制原理	强度调制型光纤传感器	4	传感机制	光纤光栅传感器
		相位调制型光纤传感器			干涉型光纤传感器
		频率调制型光纤传感器			光纤瑞利型传感器
		波长调制型光纤传感器			光纤布里渊型传感器
		偏振态调制型光纤传感器			光纤拉曼型传感器
2	功能作用	功能型传感器	5	测量范围	单点式光纤传感器
		非功能型传感器			多点式光纤传感器
3	测量对象	物理量光纤传感器			全分布式
		化学量光纤传感器			
		生物量光纤传感器			

国内外专家学者围绕 Φ-OTDR 技术或者分布式光纤传感技术，在多个领域展开研究探索尝试，在研究探索的过程中，很多经验成果值得人们借鉴肯定；与此同时很多问题被不断提出，本书主要从土木工程、工业生产、电力通信三个方面着手，对当前现状进行总结和分析。

（1）在土木工程等领域的研究现状

Mohamad H. 等人[1]利用分布式光纤传感技术主要围绕隧道、隧道钻孔、混凝土衬层展开研究。Sudhakar M. P. 等人[2]利用分布式光纤传感技术主要围绕大型地下隧道、洞室等土木结构进行研究。Mohamad H. 等人[3]利用分布式光纤传感技术主要围绕山石、岩土等工程领域进行研究。Zhang X. F. 等人[4]利用分布式光纤传感技术针对山体、工程等可能产生的滑坡进行研究。Linker R. 和 Klar A.[5]利用分布式光纤传感技术主要围绕地下空间以及地下空间坍塌进行研究。Moffat R. A. 等人[6]利用分布式光纤传感技术主要围绕岩体和岩体应变进行研究。Ding Y. 等人[7]利用分布式光纤传感技术主要围绕基坑和基坑应变进行研究。Gao L. 等人[8]利用分布式光纤传感技术主要围绕能量桩及能量桩的能量分布进行研究。Feng X.[9]利用分布式光纤传感技术主要围绕海底管道特别是弯曲的海底管道进行研究。Zalesky J. 等人[10]利用分布式光纤传感技术主要围绕岩土工程和地基应变进行研究。Wu J. 等人[11]利用分布式光纤传感技术主要围绕水井、地面沉降、井水压力等方面进行研究。Piao C. 等人[12]利用分布式光纤传感技术主要围绕煤矿井、煤矿井壁注浆层进行研究。Yi X. L.[13]利用分布式光纤传感技术主要围绕河道堤坝滑坡进行研究。Hong C. Y. 等人[14]利用分布式光纤传感技术主要围绕香港某油田进行研究。Huan Z. 等人[15]利用分布式光纤传感技术主要围绕桥梁进行研究。Fajkus M. 等人[16]利用分布式光纤传感技术主要围绕公路隧道和高速公路隧道结构进行研究。Cheng Y. H. 等人[17]利用分布式光纤传感技术主要围绕土工织物、土钉、锚杆、管道、桩、挡土墙、隧道、滑坡等岩土工程结构进行研究。Miao P. 等人[18]利用分布式光纤传感技术主要围绕桩基变形进行研究。Gu K. 等人[19]利用分布式光纤传感技术主要围绕我国苏-西-昌地区的两个底层钻孔进行研究。Liu Y. 等人[20]利用分布式光纤传感技术主要围绕矿井中地下开采过程中上覆岩层的变形进行研究。

在上述土木建筑工程领域的研究中，分布式光纤信号研究的重点，主要是基于其技术的空间连续性，但是上述研究通常的操作，都是分布式信号在长度轴上被拆分成了不同位置点的叠加，再对不同点进行时频域的信号分析和处理。这样的处理情况并不是针对 Φ-OTDR 技术的二维信号进行研究，会存在缺乏分布式信号振动模态构建的问题。在基于"时间轴"信号模态表达的基础上，如何进一步构建"长度轴"以及"长度轴和时间轴联合"的信号表达，从而形成适合 Φ-OTDR 技术甚至其他分布式光纤传感技术的分布式信号模态表达问题，成为 Φ-OTDR 技术发展中亟须解决的关键问题。

（2）在工业石油化工等领域的研究现状

Jin W. L. 等人[21]利用分布式光纤传感技术主要针对海底油气管道、陆上油气输送系统、城市煤气输送系统等进行研究。Wang Y. 等人[22]利用分布式光纤传感技术主要针对长距离输油管道、管道外部损伤进行研究。Joaquim F. 等人[23]利用分布式光纤传感技术主要针对金属（铝）腐蚀过程进行研究。Wang Y. 等人[24]利用分布式光纤传感技术主要针对长距离埋地输油管道、第三方入侵进行研究。Babin S. 等人[25]利用分布式光纤传感技术主要针对油气工业、汽轮发电机等场合进行研究。Braga A.[26]利用分布式光纤传感技术主要针对油田、石油和天然气工业生产以及上下游相关设备进行研究。Wu H.

等人[27]利用分布式光纤传感技术主要针对能源行业中的长距离电缆、输油管道进行研究。Wang F. 等人[28]利用分布式光纤传感技术主要针对输油管道以及管道泄漏进行研究。Pan J. 等人[29]利用分布式光纤传感技术主要针对监测环境的温度分布进行研究。Jin B. 等人[30]利用分布式光纤传感技术主要针对煤气层管道所产生的应变和振动状态进行研究。Liu X. 等人[31]利用分布式光纤传感技术主要针对长距离油气管道、安全预警进行研究。宋红伟等人[32]利用分布式光纤传感技术主要针对油气田进行研究。葛亮等人[33]利用分布式光纤传感技术主要针对油井温度场分布进行研究。杜双庆等人[34]利用分布式光纤传感技术主要针对稠油注蒸气井的温度分布进行研究。朱鸿等人[35]利用分布式光纤传感技术主要针对油田的温度分布进行研究。刘媛等人[36]利用分布式光纤传感技术主要针对超过标定温度的稠油热采环境进行研究。王忠东[37]利用分布式光纤传感技术主要针对输油管道及其泄漏情况进行研究。王忠东等人[38]利用分布式光纤传感技术主要针对石油管道以及非法挖掘、非法钻孔、非法盗油等情况进行研究。

在石油化工等工业领域的研究中，除了缺乏分布式表达的问题之外，行业的特殊性导致监测光纤本身的温度和应力不会相同，因为监测对象是管道或者工业流水线中可能存在的化学物质，物质是否有压以及物质的固液气状态、氧化还原反应、酸碱度等情况均会导致监测光纤的应力或者温度产生或多或少的变化，导致了同样的光纤收到同样的异常信号，信号的结果是不同的，因此通过热力解耦的方式去抑制光纤本身受到的外界干扰，成为专家学者关注的焦点问题。

（3）分布式光纤传感技术在电力工业和通信领域中的研究现状

Lu L. 等人[39]利用分布式光纤传感技术主要围绕电力线路布线中的地线（OPGW）及其雷击定位问题进行研究。Lu L. 等人[40]利用分布式光纤传感技术主要围绕电力线路和通信线路系统中的雷击或者覆冰现象进行研究。Wu H. 等人[41]利用分布式光纤传感技术主要围绕电力工业中的埋地电缆和架空电缆进行研究。李卓明等人[42]利用分布式光纤传感技术主要围绕电力系统进行研究。刘媛等人[43]利用分布式光纤传感技术主要围绕电缆的空间温度分布情况进行研究。李秀琦等人[44]利用分布式光纤传感技术主要围绕电力系统中的温度分布监测及其报警进行研究。Yan N. 等人[45]利用分布式光纤传感技术主要围绕电力系统中的空输电线路及其覆冰破坏情况进行研究。Qi H. 等人[46]利用分布式光纤传感技术主要围绕智能电网中的信息接口等方面进行研究。毕卫红等人[47]利用分布式光纤传感技术主要围绕高压电缆、电力线的沿线温度分布场进行研究。李成宾等人[48]利用分布式光纤传感技术主要围绕电网的覆冰灾害情况进行研究。Gunes Y. 等人[49]利用分布式光纤传感技术主要围绕电力电缆负载传输前后的温度变化进行研究。周芸等人[50]利用分布式光纤传感技术主要围绕高压电力电缆的温度变化进行研究。李双厚[51]利用分布式光纤传感技术主要围绕电力行业中的电缆温度进行研究。李荣伟等人[52]利用分布式光纤传感技术主要围绕高压输电电缆系统中的状态变化进行研究。成冠峰等人[53]利用分布式光纤传感技术主要围绕电网和电力系统进行研究。

Li Y. 等人[54]利用分布式光纤传感技术主要围绕复合型海底通信电缆进行研究。Hicke K. 等人[55]利用分布式光纤传感技术主要围绕海底电力电缆及其声学振动状态进行研究。刘春阳[56]利用分布式光纤传感技术主要围绕电信的管理网络进行研究。卢麟等人[57]利用分布式光纤传感技术主要围绕光缆网线路进行研究。段景汉等人[58]利用分布式光纤传感技术主要围绕光缆线路及其光缆故障定位进行研究。Lu Y. G. 等人[59]利用分布式光纤传感技术主要围绕上海至浙江嵊石 60km 光纤复合电力电缆中的光缆故障进行研究。李少卿等人[60]利用分布式光纤传感技术主要围绕对海底光缆及其光缆的外界扰动进行研究。董向华等人[61]利用分布式光纤传感技术主要围绕船只落锚和挂缆引起的海缆扰动进行研究。

近几年随着社会的发展，在电力和通信行业，电缆和光缆的布设距离呈急速增长趋势，成为基础建设领域中的关键环节。但是，布设距离的增长会给分布式光纤监测领域带来数据膨胀的问题。例如：日本光纳株式社的 NBX-S3000 分布式振动监测设备，以 4K 采样率、0.1m 空间分辨率、10m 量程为例，数据存储格式为双精度浮点数格式，每秒产生的数据量约为 3.2M，1 天24 小时的数据量为 270G。因此如何在保留特征的基础上，对 Φ-OTDR 技术采集的信号进行压缩感知，成为业内关注的关键问题。

1.2.2　信号处理

目前，对于 Φ-OTDR 技术的光纤振动模态分析研究比较少，尚没有比较成熟的理论方法，在学术界并没有可以表达分布式光纤振动模态的多维要素。因此，学术界都在借用一般的处理振动传感器或者声音传感器信号的振动模态要素和分析方法进行处理。经过调研及总结，信号处理的方法大致可分为两种：一种是传统方法，通常采用幅度范围法，傅里叶变换和相关分析；另一种是现代方法，通常是 Wigner-Ville 分布、谱分析、小波分析、盲源分离、Hilbert-Huang 变换和高阶统计分析。

（1）幅值域法

Qin Y. 等人[62]提出了幅度调制与正交频分复用相结合的新信号处理方法。Soulsby D. 等人[63]提出了时域振幅和频率相结合的新信号处理方法。Benameur N. 等人[64]提出了一种基于单基因振幅的新信号处理方法。Wijenayake C. 等人[65]提出了一种新颖的、高精度的二级振幅采样信号恢复算法的新信号处理方法。Wang C. 等人[66]提出了一种稀疏信号的幅度和支持信息相结合的新信号处理方法。Nakashima Y. 等人[67]提出了一种利用幅度解调代替信号分析的新信号处理方法。

上述关于幅值的信号处理方法表明，幅值作为信号的一项基础属性，在很多信号处理中有广泛的应用，幅值的变化是信号强度大小的直接反应，针对信号的幅值进行信号处理工作，对各种类型信号的分析研究都具有指导和借鉴的意义，Φ-OTDR 技术中信号在时间轴和长度轴上，均可借鉴幅值域分析法。

（2）傅里叶

Zhou Y. 等人[68]提出了一种快速傅里叶变换（FFT）和近似熵（ApEn）相结合的新信号处理方法。Miura O. 等人[69]提出了一种利用快速傅里叶变换（FFT）直流电压进行调制的新信号处理方法。Wen H. 等人[70]提出了一种插值快速傅里叶变换结合振幅估计多项式系数的新信号处理方法。Wang L. 等人[71]提出了一种基于快速傅里叶变换（FFT）系数的实部和虚部相结合的新信号处理方法。Liu A. 等人[72]提出了一种通过快速傅里叶变换（FFT）进行高分辨率频率估计的新信号处理方法。De J. 等人[73]提出了一种基于 FFT 的多速率信号处理新方法。Yang C. 等人[74]提出了一种基于快速傅里叶变换和分段自相关函数相结合的新信号处理方法。

上述频域信号分析方法表明，信号的频域分析是信号分析中的重要环节，监测信号只要有采样时间和采样频率，就可以进行频域分析。对于Φ-OTDR分布式振动信号，在时间轴上信号的固有频率分析，是频域分析方法的很好的应用；但是在Φ-OTDR技术中长度轴上的信号分析中，频域分析方法并不适用。

（3）相关分析

Saatci E. 等人[75]提出了一种曲线点集相关分析结合最小均方延时估计的新信号处理方法。Ahirwal M. K. 等人[76]提出了一种基于相关分布（DCOR）量化不同频带的新信号处理方法。Sun H. M. 等人[77-78]提出了一种包含互相关分析对 IMF 分量的新信号处理方法。

相关分析是指两个信号的相关性分析，Φ-OTDR 分布式振动信号是二维信号，相关性分析对其时间轴和长度轴上的结合具有借鉴的意义，可以针对时间轴与时间轴的信号相关性分析，也可以针对长度轴与长度轴的信号相关性分析，还可以针对时间轴和长度轴的信号相关性分析。

（4）Wigner-Ville 分布（WVD）

Amina M. S. 等人[79]提出了一种采用短时傅里叶变换（STFT）和维格纳-维尔分布（WVD）相结合的新信号处理方法。Wu Y. 等人[80]提出了一种去除多分量线性调频信号 Wigner-Ville 分布（WVD）中交叉项的新信号处理方法。Wu J. 等人[81]提出了一种结合平滑伪 Wigner-Ville 分布和 Vold-Kalman 滤波器阶数跟踪的新信号处理方法。Xu C. 等人[82]提出了一种基于连续小波变换（CWT）和 Wigner-Ville 分布（WVD）相结合的新信号处理方法。Cao Y. J. 等人[83-84]提出了一种 Wigner-Ville 分布和线性正则变换相结合的新信号处理方法。

Wigner-Ville 分布是一种对信号的时频分析方法，对于 Φ-OTDR 分布式振动信号，在时间轴上的信号分析频域分析具有借鉴性的意义，但是对 Φ-OTDR 分布式振动信号在长度轴上的信号分析却不适用。

（5）谱分分析

Yang Z. 等人[85]提出了一种希尔伯特谱通过自适应生成"基"的新信号处理方法。Chidean M. I. 等人[86]提出了一种全波段频谱分析的新信号处理方法。Wang Y. 等人[87]提出了一种通过单频谱对双通道信号进行功率谱分析的新信号处理方法。Angelova S. 等人[88]提出了一种基于高频光谱分析的新信号处理方法。Scheihing K W. 等人[89]提出了一种采用信号的奇异谱分析的信号处理方法。

谱分析可以看作是相关分析在频域上的体现，对于 Φ-OTDR 分布式振动信号来说，时间轴上的信号谱分析，是具有借鉴意义的，但是对 Φ-OTDR 分布式振动信号在长度轴上的信号分析却不适用。

（6）小波分析

Elefante A. 等人[90]提出了信号的小波分析检测方法，新的信号处理方法可以监测信号中的偏移问题。Reju S. 等人[91]提出了小波信号分析，对信号去噪具有良好的效果。Schaefer L. V. 等人[92]针对小波相干分析方法进行实验研究，利用相干小波变换分析充分解析了信号的相干性和随机性。Wang Z. 等人[93]把小波变换和人工神经网络相结合，同时还进行了调谐小波包变换和连续小波变换的分析工作。Bose P. A. 等人[94]提出了一种将归一化互相关、小波包变换和连续小波变换相结合的信号特征检测与提取方法。

小波分析是一种对信号的时频分析方法，对于 Φ-OTDR 分布式振动信号，在时间轴上的信号频域分析具有借鉴性的意义，在时间轴上是否可以借用小波分析法处理信号值得探索。

（7）盲源分离

He P. 等人[95]提出了一种基于多源映射和独立分量分析（ICA）的盲源分离算法，从而达到对互相作用的信号的数据处理效果。Wedekind D. 等人[96]利用时空盲源分离（BSS）能够处理类似多信道信号。Xin C. 等人[97]提出了一种由伪多入多出观测结构和独立分量分析（ICA）组成的新盲源分离算法，在信号处理上取得了良好的效果。Wei L. 等人[98]提出的改进的盲源分离信号处理方法，有效抑制了背景噪声中的高斯白噪声和周期性窄带干扰。Yang Y. 等人[99]提出了 PCMA 的信号盲源分离方法，达到了良好的效果。

盲源分离是对信号的主成分和独立成分进行分析和分离的信号处理算法，对 Φ-OTDR 技术具有非常良好的指导意义，无论是时间轴还是长度轴上的信号，都可以进行盲源分离，从而对信号进行更加良好地整理，同时二维信号中也可以采用盲源分离的方法进行信号处理。

（8）Hilbert-Huang 变换

Susanto A. 等人[100]提出了利用改进的希尔伯特-黄变换提取振动信号的特征。Gu F. C. 等人[101]提出了改进的希尔伯特-黄变换分析信号的时间-频率-能量分布，从而达到信号识别的效果。Hu B. 等人[102]提出了基于希尔伯特-黄变换的边缘谱熵和均方根（RMS）建立客观模型，达到对信号分级评估的效果。Zao L. 等人[103]提出了希尔伯特-黄变换去分析非平稳噪声信号，对信号进行估计和预测。Chen X. 等人[104]提出了 Hilbert-Huang 变换，去分析信号的弱干扰和大干扰问题，充分表征信号的频谱特征。

HHT 的信号分析方法，包含了对信号的相位分析，Φ-OTDR 技术中本身就是对光信号进行相位解调，因此对于 Φ-OTDR 技术的信号进一步分析，HHT 方法的借鉴意义不大。

（9）高阶统计量分析

Schmidt M. 等人[105]提出了基于高阶统计（M2）的预处理步骤的滤波方法。Palahina E. 等人[106]提出了围绕高阶统计量进行相关非高斯噪声的信号模型建立和分析方法。Geryes M. 等人[107]提出了在多普勒微栓子信号检测中采用高阶统计量的方法。Mohebbi M. 等人[108]提出了信号处理中的 EMD 区域 R-R 间期信号高阶统计量方法去分析信号特征。Jerritta S. 等人[109]提出了高阶统计量作为信号处理中的一种特征提取方法，有效地分析了多个领域中的信号处理问题。Savic. A. G. 等人[110]提出了高阶统计量的方法解决了复杂信号中的自由基识别问题。

高阶统计量分析是一种非常不错的统计方法，可以对很多特征进行统计，从而进一步计算概率等情况，无论一维信号还是二维信号都具有很大的借鉴价值，在 Φ-OTDR 技术中，无论是时间轴或者长度轴上，分析信号特征例如过零率、极值点、拐点等方面，也可以借鉴此类方法。

综上所述，Φ-OTDR 技术的振动信号是二维信号，包含了时间轴和长度轴的二维信息。因此本书无论是振动模态的表示要素还是分析方法，不能仅仅针对单点的振动模态进行研究，而是需要在 Φ-OTDR 技术中把振动模态的研究从单点振动推向光纤整根线的振动模态分析。为了重新梳理表示振动模态的多维要素和分析方法，在上述的信号处理方法中，幅值域法、相关分析法、盲源分离法、高阶分量统计法这四种方法更适用于 Φ-OTDR 信号，本书紧紧围绕 Φ-OTDR 技术中分布式的特点，根据理论研究基础和实际工程经验，对 Φ-OTDR 技术采集的分布式振动数据进行深入的研究，使它们在信号提取、信号分离、信号寻优、信号匹配等方面得到恰当的应用。

1.3 本书内容与组织结构

1.3.1 本书内容

本书的研究内容主要分为四个部分，第一是"Φ-OTDR 分布式信号振动模态与振场反演的建模研究"，它是后续研究的基础，确定了后面三个部分的研究对象；第二是"分布式振动模态的多维要素求解研究"，对第一部分分析出的分布式振动模态中多维要素进行求解；第三是"振场反演中关键要素的热力解耦研究"，针对第一部分提出的反演中的关键要素，在已有的求解方法基础上，考虑预应力、预温度和热力耦合的影响，进行热力解耦处理；第四是"Φ-OTDR 膨胀数据的压缩感知研究"，对 Φ-OTDR 中的膨胀数据进行压缩感知，在保留振场反演的关键要素的基础上，大幅度提高运算效率、压缩存储空间。

研究内容总体框架，如图 1-1 所示。

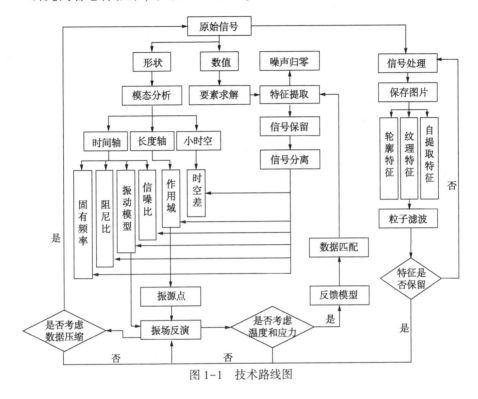

图 1-1　技术路线图

（1）Φ-OTDR 分布式信号振动模态与振场反演的建模研究

阻尼振动的振动模态包含固有频率、阻尼比和模态振型三个指标，但是这些指标均是信号在时间轴上的分析，是一维信号分析，Φ-OTDR 技术中的分布式振动信号是二维信号，需要引入信号"长度轴"以及"长度轴和时间轴相结合"的振动模态分析，因此本书从时间轴、长度轴和小时空三个角度对 Φ-OTDR 技术的分布式振动模态进行重新构建。

① 在时间轴上，遵循"固有频率""阻尼比"和"模态振型"三个指标的基础上，因为实际工程中一定需要包含信号和噪声的情况，所以需要引入另外一个重要的指标"信噪比"。

② 在长度轴上，通过对大量 Φ-OTDR 信号的研究，其特征符合抽样函数（SA 函数）曲线，因此结合 SA 信号中的对称轴的位置和过零点之间的距离，得到了两个重要的指标"作用域"和"振源点"。

③ 根据上述两点，数据在有信号的小时空内，计算值和实际值一定会存

在偏差，这种偏差是由"时间轴"和"长度轴"两个维度共同引起，因此得到了一个重要指标"时空差"。

振场反演是基于振源点、作用域和振动数据三个方面得到的，振源点决定了振场的中心，作用域决定了振动范围，振动数据是在"振源点"为圆心、"作用域"为直径的圆形内，进行涟漪状分布式排列的。

（2）分布式振动模态的多维要素求解研究

在得到Φ-OTDR分布式振动信号振动模态的多维要素后，需要对其进行相应的求解过程，包含三个部分：基于2D-TESP的提取信号方法研究、基于GAEMDNMF的信号分离方法研究、基于PID-Kalman的信号优化方法研究。

① 在Φ-OTDR技术中长度信息是基于光速和时间而得到，因此Φ-OTDR信号更适用于时域分析，本书提出了改进的2D-TESP方法（2 Dimension-Time Encode Signal Processing）对Φ-OTDR分布式振动信号进行特征提取，在兼容了Φ-OTDR分布式振动信号一阶导数和二阶导数特点的基础上，还保证算法计算效率。

② Φ-OTDR在时间轴上符合阻尼振动经验曲线，在长度轴上符合抽样函数经验曲线，因此本书提出了GAEMDNMF方法（Genetic Algorithm-Empirical Mode Decomposition-Nonnegative Matrix Factorization）对二维信号进行信号分离，保证了Φ-OTDR信号在"时间"和"长度"两个维度中的信号模型完整。

③ 时域上的信号分析会存在一些潜在的线性规律，因此本书提出了Kalman-PID（Kalman-Proportional-Integral-Differentiation）方法对上述的信号分离过程进行信号优化，通过对原始信号、积分信号、微分信号三种信号的分别计算，以及通过Kalman取最小方差的形式，使信号的分离效果得到明显的提升。

（3）振场反演中关键要素的热力解耦研究

在Φ-OTDR技术中，光纤作为传感单元，本身会自带预应力、预温度及热力耦合的现象，这些现象的变化会对光纤本身产生拉伸压缩、热胀冷缩等物理效应，从而间接地影响了振场反演中的振源点和作用域两个关键指标。因此本书提出了一种融合了BOTDR（Brillouin Optical Time Domain Reflection）、GA-RBF（Genetic Algorithm-Radial Basis Function）、3D-SURF（3 Dimension-Speeded Up Robust Features）的热力解耦方法。

① BOTDR技术本身检测的就是分布式温度场和分布式应变场，BOTDR

技术和 Φ-OTDR 技术使用的光纤种类是相同的，因此利用 BOTDR 技术可以采集光纤的预应力、预温度。

②因为并不能确定温度、应力两个指标分别和热力耦合之间的映射关系，因此本书提出了 GA-RBF 模型对预温度、预应力和热力耦合数据进行黑箱训练，最终达到热力解耦的效果。

③因为热力耦合导致的光纤位置偏移，相同信号在不同时间的存储位置有所偏差，热力耦合成为了 Φ-OTDR 信号中的第三个维度，因此本书提出了 3D-SURF 三维数据匹配方法，实现了对 Φ-OTDR 信号的精确匹配。

（4）Φ-OTDR 膨胀数据的压缩感知研究

随着 Φ-OTDR 技术的发展使用，在时间轴和长度轴两个维度上，会存在"采样率/分辨率"的增加或者"时间/长度"的拓展，因此在不依赖于硬件提升的基础上，防止数据膨胀成了一个 Φ-OTDR 技术亟待解决的关键问题，本书提出了图片式压缩感知的方法，对 Φ-OTDR 数据进行反演关键要素保留的压缩存储。

因为 Φ-OTDR 信号和图像信号都是二维信号，所以将信号的长度轴变成图片的纵轴，信号在时间上被分割成一个个时间段，将被采集的光纤信号进行图像方式的储存和显示为一帧一帧的图片，大大地降低存储信号的内存大小。为了确定相应的降采样比例，验证保存图片是否保留信号反演关键要素，本书采用混合特征(纹理特征、形状特征和自提取特征)进行分析验证，用纹理特征强化原图中的特征点，将形状特征和自提取特征代入粒子滤波器当中进行特征识别。

1.3.2　关键问题

目前的 Φ-OTDR 技术研究，主要集中于实验室或模拟环境中进行，研究的侧重点更多是面向采集仪器的研发和事件信号的识别等方面，缺乏与实际工程应用相结合，影响了 Φ-OTDR 技术更好地推广使用。因此本书从理论和工程相结合的角度出发，对 Φ-OTDR 技术所采集的振动信号进行分析梳理，发现 Φ-OTDR 技术在实际工程应用中的信号表达、信号采集、信号存储方面，尚存在着"缺乏分布式表达""光纤状态干扰""数据膨胀"等一些问题，总结主要有如下三个方面：

（1）Φ-OTDR 振动信号包含时间和长度两个维度，但是目前关于振动信号的模态分析研究只是针对"时间轴"进行振动信号分析与表达，没有涉及"长度轴"以及"长度轴和时间轴相结合"的振动模态分析表达。

（2）在 Φ-OTDR 技术的信号采集中，光纤作为传感单元存在，但是目前的研究没有考虑光纤本身自带预应力、预温度及热力耦合的现象，这些现象会对光纤产生拉伸压缩、热胀冷缩等物理效应，会间接地对采集后的分布式信号的振动模态产生影响。

（3）目前伴随着 Φ-OTDR 技术的发展，监测的距离越来越长，监测的空间分辨率越来越小，监测的频率越来越高，监测时间越来越长，这些因素都会使 Φ-OTDR 监测存储数据呈几何倍数增长，数据的膨胀严重影响了分布式信号振动模态的分析效率，一味地提高硬件性能远远不能满足技术发展需要。

1.3.3　创新点

根据上述的关键问题，本书主要的创新点如下：

（1）提出了一种基于 Φ-OTDR 分布式振动数据的多维模态表达及求解方法

解决了现有研究中局限于单点式振动的模态分析现状。技术中的分布式振动数据的模态多维要素包含：固有频率、阻尼比、模态模型、信噪比、作用域、振源点、时空差，在求解方法中首先采用基于 2D-TESP 方法进行信号提取，随后在采集后的信号基础上利用 GAEMDNMF 方法进行信号分离，最后对于分离后的信号利用 Kalman-PID 方法进行信号优化，最终达到 Φ-OTDR信号振动模态分布式表达的目的。

（2）提出了一种振场反演中关键要素的热力解耦方法

解决了光纤不同的热力耦对 Φ-OTDR 技术的振场反演关键要素的影响的问题。该方法是在基于 Φ-OTDR 技术的基础上引入了 BOTDR 技术，对光纤上的应力和温度进行热力耦合分析，再利用 GA-RBF 网络进行热力耦合反馈，最后采用 3D-SURF 方法对"Φ-OTDR 信号"和"热力耦合"构成的三维数据进行数据匹配，最终达到 Φ-OTDR 技术反演中关键要素的热力解耦效果。

（3）提出了一种压缩感知下防数据膨胀方法

Φ-OTDR 技术在实际应用中，在保留振场反演的关键要素的前提下，不依赖于硬件的提高，达到数据防膨胀的目的。该方法实现了"对 Φ-OTDR 数据的图像式存储"方法，压缩了硬盘存储空间，又通过"混合特征的粒子群图像特征识别"方法，识别保留了 Φ-OTDR 信号振场反演中的关键要素。

1.3.4 组织结构

本书主要分为 6 个章节，呈总分总结构，整本书的结构框图如图 1-2 所示。

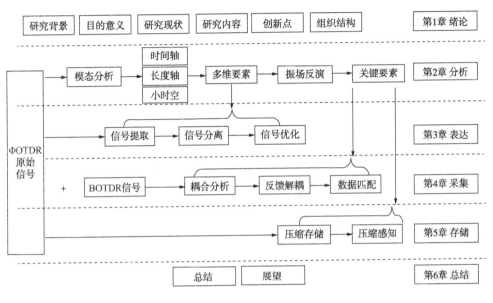

图 1-2 组织结构图

第 1 章绪论介绍了课题背景与目的意义、国内外研究现状，分别对光纤传感技术和 Φ-OTDR 技术进行综述，提炼出本书的主要研究内容；

第 2 章是 Φ-OTDR 中振动模态与振场反演的建模分析，提出了 Φ-OTDR 技术中分布式振动数据的多维模态包含：固有频率、阻尼比、模态模型、信噪比、作用域、振源点、时空差，并通过振源定位和振动数据对其进行振场反演，指出作用域和振源点是振场反演的两个主要因素；

第 3 章是分布式振动模态的多维要素求解，提出了包含"基于 2D-TESP 方法的信号提取""基于 GAEMDNMF 方法的信号分离""基于 Kalman-PID 的信号优化"三个步骤的信号分离方法，最终用于求解振动模态的多维要素；

第 4 章是热力解耦下振动模态的关键要素优化，提出了包含"基于 BOTDR 的光纤热力耦合分析""基于 GA-RBF 网络的热力耦合反馈""基于 3D-SURF 方法的三维数据匹配"三个步骤的热力解耦方法，对 Φ-OTDR 振动信号进行热力解耦影响分析；

第 5 章是 Φ-OTDR 膨胀数据的压缩感知，提出了包含"对 Φ-OTDR 数据的图像式存储"和"混合特征识别去分析振源定位"两个步骤的数据防膨胀方法，在保留振场反演的关键要素基础上，大幅度提高运算效率、压缩存储空间；

第 6 章对文章整体进行总结和展望。

2 Φ-OTDR分布式信号振动模态与振场反演的建模

2.1 引言

本章主要是 Φ-OTDR 分布式信号振动模态与振场反演的建模研究。主要方法是通过对大量信号波形的观察，结合实际工程情况的需要，对振动模态的多维要素和振场反演的影响要素进行分析。

关于振动模态的分析，很多专家学者都从不同的角度对振动模态展开了研究。Gabbai R. D. 等人从流体-结构耦合解耦的角度，对振动模态进行分析[111]。Zhou W. 和 Chelidze D. 利用盲源分离（BSS）的线性正常模式识别方法，并结合了易卜拉欣时域（ITD）模态识别方法对不同噪声环境下的振动模态进行分析[112]。Zhang Q. 等人采用有限元方法重点研究了交替倾斜运动振动特性对整个振动模态的影响[113]。Couto R. C. 提出了一个共振非弹性的基态振动模式，对信号进行高分辨率的振动模态分析[114]。Yoshida J. 等人提出了将 OTPA 方法与 CAE 技术相结合的方法，研究高贡献振动模式对振动模态的影响[115]。Castille C. 等人提出了自驱动共振微传感结构对振动模态的影响[116]。Komeda T. 等人充分分析了基于低频模式、高频模式以及相结合后振动模态的区别与联系[117]。Lei Z. X. 等人充分分析了自由振动对物体的固有频率和模态形状的影响[118]。Papadopoulos C. A. 和 Dimarogonas A. D. 提出了一种不稳定性间隔方法，用于确定振动模态的耦合情况[119]。Overney G. 等人通过研究低频振动模式和结构刚度，研究了柔软模式的振动模态[120]。Kitazaki S. 和 Griffin M. J. 使用有限元方法研究全局振动下振动模态的二维模型[121]。Kataoka S. 提出了分支连接疲劳失效机理所引起的疲劳失效对振动模态的影响[122]。Rezaeisaray M. 等人研究了多自由度和低频固有频率对振动模态的影响[123]。

对于上述关于振动模态的研究，很多都是关于单点振动的研究，并没有针对分布式振动这个概念进行振动模态分析，因此，本书的多维振动模态主要是针对 Φ-OTDR 技术的分布式振动信号进行研究。

多维要素分析的具体技术路线图如图 2-1 所示。

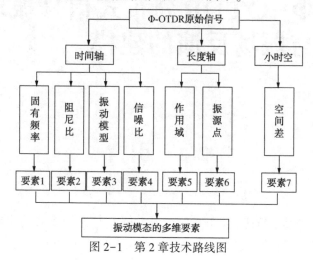

图 2-1　第 2 章技术路线图

本章具体内容安排如下：

（1）在时间轴上，遵循"固有频率""阻尼比"和"模态振型"三个指标的基础，因为实际工程中一定需要包含信号和噪声的情况，所以需要引入另外一个重要的指标"信噪比"。

（2）在长度轴上，通过对大量 Φ-OTDR 信号的研究发现，其特征符合抽样函数（SA 函数）曲线，因此结合 SA 信号中对称轴的位置和过零点之间的距离，得到了两个重要的指标"作用域"和"振源点"。

（3）根据上述两点，数据在有信号的小时空内，计算值和实际值一定会存在偏差，这种偏差是由"时间轴"和"长度轴"两个维度共同引起的，因此得到了一个重要指标"时空差"。

（4）振场反演是基于振源点、作用域和振动数据三个方面得到的，振源点决定了振场的中心，作用域决定了振动范围，振动数据是在"振源点"为圆心、"作用域"为直径的圆形内，进行涟漪状分布式排列的。

2.2　振动模态的多维要素分析

因为针对 Φ-OTDR 分布式振动信号的模态表达尚不完整，本书针对大量 Φ-OTDR 分布式振动信号进行观察，结合 Φ-OTDR 信号呈一个二维矩阵的情况，对信号矩阵进行了横轴、纵轴、小时空三个方面的观察，具体分析如下。

2.2.1　时间轴上的振动模态分析

Φ-OTDR 分布式振动信号是二维信号，因此可以看作长度轴上的信号平行于时间轴，时间轴上的信号平行于长度轴，分布式振动信号在长度轴作用域上的某点的信号时域状态变化，如图 2-2(a) ~ 图 2-2(d) 所示。

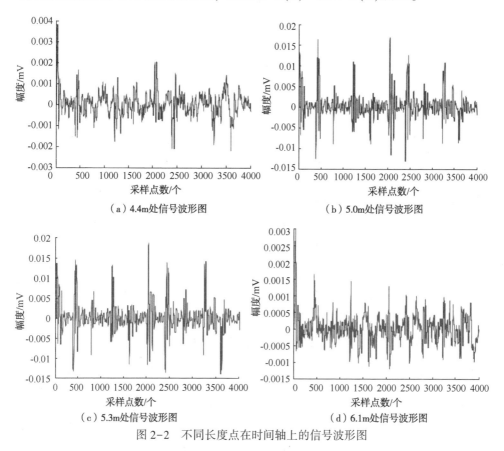

（a）4.4m处信号波形图　　　　　　　（b）5.0m处信号波形图

（c）5.3m处信号波形图　　　　　　　（d）6.1m处信号波形图

图 2-2　不同长度点在时间轴上的信号波形图

从图 2-2 中不难看出，在"时间-幅度"平面上，振动信号基本符合阻尼振动的规律，所以建立阻尼振动模型如公式(2-1)所示。

$$f_1(t) = A_1 e^{-\frac{t}{\tau}} \sin(w_1 t + \varphi_1) + B_1 \qquad (2-1)$$

在此可以遵循传统的振动模态的要素：固有频率、阻尼比和模态模型。

根据上述两个振动模型，把原始信号对应到相应的模型中去，确定模型当中的各个参数，具体步骤如下：

(1) 时间轴上的单个信号最大绝对值记为 A_1，记作 1；

(2) 把波峰值拟合成一条曲线，得到阻尼衰减系数 τ；

(3) 根据时间轴上的过零点个数确定 w_1；

(4) 根据信号开始时一定是从零点开始运动，因此参数 φ_1 为 0 或 π；

(5) 根据信号的实际情况，取 B_1 为 0。

除此之外，时间轴上还有一个重要的指标"信噪比"，信噪比(SIGNAL-NOISE RATIO，SNR，S/N)，是采用 dB 为计量单位，其计算方法如公式(2-2)所示。

$$SNR = 10 \cdot \lg\left(\frac{P_s}{P_n}\right) \qquad (2-2)$$

其中，P_s 和 P_n 分别代表信号和噪声的有效功率。即使是 Φ-OTDR 仪器，最后也是需要光电转换模块的，因此 Φ-OTDR 技术设备最后是采用电信号的信噪比，因此信噪比在电信号中的计算关系如公式(2-3)所示。

$$SNR = 20 \cdot \lg\left(\frac{V_s}{V_n}\right) \qquad (2-3)$$

V_s 和 V_n 分别代表信号和噪声电压的有效值。

在时间轴的数据分析中，可以得到多维振动模态有四类，即固有频率、阻尼比、模态模型和信噪比。

2.2.2　长度轴上的振动模态分析

因为光纤是一根有机的整体，Φ-OTDR 分布式振动信号往往呈一个矩阵分布，矩阵的横、纵坐标分别是"时间轴"和"长度轴"，当光纤上对应的外界某点产生扰动时，会发现在长度轴上只有一定的长度范围内可以观测到信号，因此把这个长度范围定义为"作用域"；而在时间轴上，只要扰动存在，信号就会随时间的变化而不断变化。

在长度轴上作用域内的点，时间轴上是可以观察到信号的；同理在时间轴上可以观察到信号的点，在长度轴上一定是在作用域之内。同时根据信号的情况，也根据实际的物理现象，可以看出振源与光纤的垂点为信号最强点，分布式振动信号会以最强点为中心，沿光纤向两端衰减直到消失。

Φ-OTDR 分布式振动信号是二维信号，因此可以看作长度轴上的信号平行于时间轴，时间轴上的信号平行于长度轴，分布式振动信号在长度轴作用域上的某点的信号时域状态变化，如图 2-3(a)～图 2-3(d)所示。

从图 2-3 中不难看出，在长度−幅度平面上，振动信号的形状符合辛格 SA 函数规律，所以建立函数关系如公式(2-4)所示。

$$f_2(l) = A_2 \frac{\sin(w_2 l + \varphi_2)}{w_2 l + \varphi_2} + B_2 \tag{2-4}$$

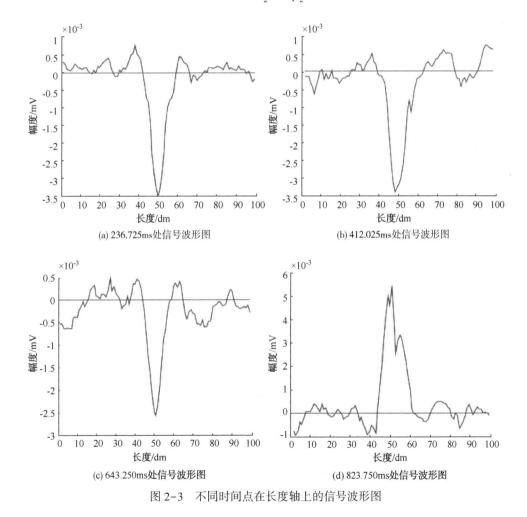

(a) 236.725ms处信号波形图

(b) 412.025ms处信号波形图

(c) 643.250ms处信号波形图

(d) 823.750ms处信号波形图

图 2-3　不同时间点在长度轴上的信号波形图

根据上述两个振动模型，把原始信号对应到相应的模型中去，确定模型当中的各个参数，具体步骤如下：

(1) 时间轴的上单个信号的最大绝对值记为 A_2，记作 1；

(2) 根据信号的实际情况，取 B_2 为零；

(3) 根据长度轴上的过零点个数确定 w_2；

(4) 根据信号开始时一定是最大值，因此参数 φ_2 为 0。

在长度轴的数据分析中，可以得到的多维振动模态有两个，也就是以信号峰值为中心的左右两个与横轴的交点，本书称之为"作用域"，还有一个则是振动信号最强的点，本书称之为"振源点"。

2.2.3 小时空内信号的振动模态分析

根据上文中的分析，时间轴和长度轴的信号可以进行叠加，叠加后的信号是"小范围时间、小范围位置"上的信号，因此对此信号的分析，称之为"小时空"内的信号分析。如果长度轴和时间轴的信号完全正交的话，则公式(2-1)和公式(2-4)相乘即可，但是在实际工程中，并不能保证长度轴和时间轴的信号完全正交，因此时间轴和长度轴上的信号叠加后见公式(2-5)。

$$F(t, l) = f_1(t) \cdot f_2(l), \quad \dot{X}(t, l) = \begin{bmatrix} & & & \Delta f(t) \\ & R & & \Delta f(l) \\ & & & \Delta F(t, l) \\ 0 & 0 & 0 & 1 \end{bmatrix} \quad (2-5)$$

其中：$\dot{X}(t, l)$ 主要是指时空差，$f_1(t)|_{实际}$、$f_2(l)|_{实际}$、$F(t, l)|_{实际}$ 为测量数值，$f_1(t)|_{计算} = f_1(t)$，$f_2(l)|_{计算} = f_2(l)$，$F(t, l)|_{计算} = F(t, l)$，$\Delta f(t) = f_1(t)|_{实际} - f_1(t)|_{计算}$，$\Delta f(l) = f_2(l)|_{实际} - f_2(l)|_{计算}$，$\Delta F(t, l) = F(t, l)|_{实际} - F(t, l)|_{计算}$。

R 是指旋转矩阵，为了方便收敛计算，用四元数定义旋转矩阵，如公式(2-6)所示。

$$R = \begin{bmatrix} 1 - (q_2^2 + q_3^2) & 2(q_1 q_2 - q_3 q_0) & 2(q_1 q_3 + q_2 q_0) \\ 2(q_1 q_2 + q_3 q_0) & 1 - (q_1^2 + q_3^2) & 2(q_2 q_3 - q_1 q_0) \\ 2(q_1 q_3 - q_2 q_0) & 2(q_2 q_3 + q_1 q_0) & 1 - (q_1^2 + q_2^2) \end{bmatrix} \quad (2-6)$$

其中：$Q = q_0 + q_1 \cdot i + q_2 \cdot j + q_3 \cdot k$，$q_0$、$q_1$、$q_2$、$q_3$ 为四元数。

得到空间差后，代入原计算值中进行计算，如公式(2-7)所示。

$$[f_\infty(t) \quad f_\infty(l) \quad F_\infty(t, l) \quad 1] = [f(t) \quad f(l) \quad F(t, l) \quad 1] \cdot X(t, l)$$

$$(2\text{-}7)$$

其中，$f_\infty(t)$、$f_\infty(l)$、$F_\infty(t, l)$ 为计算值，是经过空间差修正后的数值。在小时空的数据分析中，可以得到的多维振动模态有一个，也就是实际值与计算值的偏差，本书称之为"时空差"。

最终确定了 Φ-OTDR 技术振动模态的多维要素包括固有频率、阻尼比、模态振型、信噪比、作用域、振源点、时空差。

2.3　振场反演及影响因素分析

对于振动场的反演和展示，主要体现在作用域、振源点和振动数据三个方面，振源点决定了振场的中心，所有振动数据都是基于振源为中心进行分布排列的。

2.3.1　振场反演的方法

单点敲击对光纤影响的示意图，如图 2-4 所示，振源与光纤的垂直交点，为振源最强的点。根据上文中长度轴求出的一个关键要素——作用域，振源点位置即在作用域中心点与光纤的垂线上。

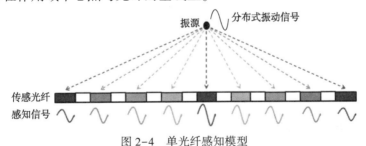

图 2-4　单光纤感知模型

当有两条光纤存在时，振源处于两条光纤垂线相交的位置，两条垂线分别垂直相交于光纤上的振源最强点，如图 2-5 所示。

当有多条光纤存在时，振源处于多条光纤垂线相交的位置，两条垂线分别垂直相交于光纤上的振源最强点，如图 2-6 所示。

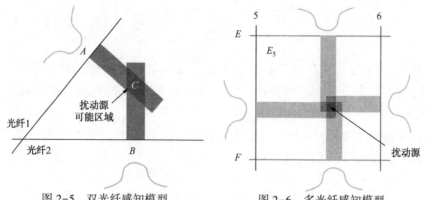

图 2-5　双光纤感知模型　　　　　　图 2-6　多光纤感知模型

在确定振源定位后，振场的反演其实就是以振源为中心，振动数据按照圆形向外扩散，光纤上的振动数据，可以看作是振场中的圆的一条切割线，如图 2-7 所示。

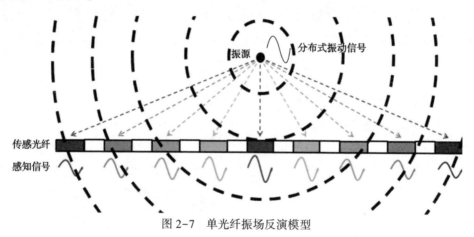

图 2-7　单光纤振场反演模型

当有两条光纤存在时，振动场的反演原理也是相似的，振场反演示意图如图 2-8 所示。

当有多条光纤存在时，振动场的反演原理也是相似的，振场反演示意图如图 2-9 所示。

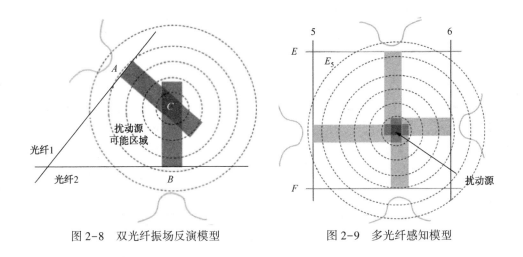

图 2-8 双光纤振场反演模型　　　　图 2-9 多光纤感知模型

振场反演是基于振源点、作用域和振动数据三个方面得到的，振源点决定了振场的中心，作用域决定了振动范围，振动数据是在振源点为圆心、作用域为直径的圆形内，进行涟漪状分布式排列的。

2.3.2 振场反演中的影响因素分析

在 Φ-OTDR 技术中的模态分析和振场反演中，可以用七个要素表示振动模态，用两个关键要素表示振场反演，但是这只是针对 Φ-OTDR 技术的信号表达问题，在 Φ-OTDR 技术的信号采集和存储中，还存在着两个问题。

（1）在数据采集过程中，光纤本身自带预应力、预温度及热力耦合的现象，会对光纤产生拉伸压缩、热胀冷缩等物理效应，会间接地影响信号采集。对于采集中的热力耦合的问题，可以看作是 Φ-OTDR 信号在某些维度会有不同的变化，如图 2-10 中的左图所示。

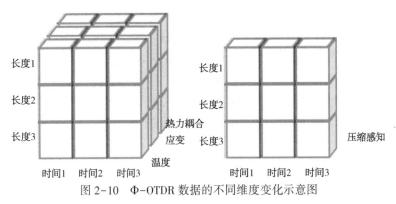

图 2-10 Φ-OTDR 数据的不同维度变化示意图

（2）在数据存储过程中，伴随着Φ-OTDR技术的发展，监测的距离越来越长，监测的空间分辨率越来越小，监测的频率越来越高，监测时间越来越长，这些因素都会使Φ-OTDR监测存储数据呈几何倍数增长，数据的膨胀严重影响了分布式信号振动模态的分析效率。对数据进行压缩且不损失数据的原始特征，成为Φ-OTDR技术亟待解决的关键问题。本书为了Φ-OTDR技术的使用方便，采用了图片式压缩感知的方法，对Φ-OTDR数据"无视"成一张图片，达到理想的防数据膨胀效果。

图2-10逻辑上展示了分析的操作。根据图2-10所示，对振场反演中的关键要素产生影响的因素有两个方面，第一个因素是因为温度、应力和可能的热力耦合等因素影响，给Φ-OTDR技术采集到的数据带来了很大的干扰，导致监测到的信号不准，同时因为热力耦合导致的系统噪声和外界干扰，可能会存在相同的信号在不同时间存储的位置有所偏差。第二个因素是为了防止数据膨胀，采用图片存储和图片分析的压缩感知方式，可能会对振动模态中的某些关键因素存在影响。这些研究有助于提高振场反演中的关键要素的精度，但在以往的研究中并没有考虑到这些因素的影响，它们的存在会导致来自同一信号的不同监测数据，产生多维要素尤其是振源定位存在一定的影响，因此对维度的细分和对维度的压缩，成为在Φ-OTDR信号研究中一定会涉及的关键问题。

2.4　本章小结

针对Φ-OTDR分布式振动数据，本章主要从建模角度进行分析，得到结论如下。

（1）通过对信号波形的观察和建模，得到Φ-OTDR分布式振动数据在时间轴上，符合阻尼振动规律，提取的振动模态多维要素有：阻尼比、振动模型、固有频率、信噪比。在长度轴上，符合SA信号规律，提取的振动模态多维要素有：作用域、振源点。在小时空上，会与标准信号存在一定的偏差，提取的振动模态多维要素有：时空差。

（2）通过对振场反演的研究，得到了振场反演中最主要的两个关键要素"振源点"和"作用域"，同时这两个关键要素会受到光纤本身的热力耦合的影响，所以需要对其采用热力解耦的方式，达到对振源定位更加准确的目的；

振动数据会随着时间和空间的延伸而不断增大，因此需要进行压缩感知的处理，对振场数据进行防膨胀处理。

3 分布式振动模态的多维要素求解

3.1 引言

在对 Φ-OTDR 分布式振动信号进行了多维模态分析后，需要对其进行求解，并把求解结果代入振场反演中去。在整个过程中，会涉及三个方面，第一个方面是基于 2D-TESP 的信号提取问题，第二个方面是基于 GAEMD-NMF 的信号分离问题，第三个方面是基于 Kalman-PID 的信号优化问题。

在信号提取方面，在时域中的特征提取方式主要包括概率分析法[124-125]、时间序列法[126]、相关函数分析法[127]以及提取时域波形的特征量[128]进行分析。Potocnik P. 等人对振动信号进行概率统计分析，把概率统计分析和特征提取、主成分分析相结合，去评判多种分类器的性能[124]。Delpha C. 等人也是把对振动信号的概率统计分析和特征提取、主成分分析相结合，去进行状态监测和故障诊断[125]。Ma J. 等人运用时间序列模型进行振动信号的特征提取，对故障信号和非故障信号进行有效的识别[126]。Liu H. 等人利用多重分型去消除趋势相关分析，最终达到特征提取的目的[127]。Alhazza K. A. 通过对波形的分析，达到通过波形对系统进行控制的目的[128]。在上述的方法中，时间序列、相关函数以及波形分析这三类方法很多时候较为依赖信号比较明显的情况，但是对于信噪比不好的情况，概率分析法因为其独特的统计学特性，具有其他方法不可比拟的优势。

在二维信号转换成一维信号分离方面的研究，学者们更集中于用 NMF 及其拓展方法进行研究。Gao H. Z. 等人利用 TDF 和 NMF 相结合的方法，进行故障诊断[129]。Li B. 等人把 S 变换、非负矩阵分解（NMF）、互信息和多目标进化算法四种方法相结合，进行故障诊断[130]。Li B. 等人又分别用广义 S 变换和 NMF、2DNMF 相结合，进行故障诊断[131-132]。还有的学者比较注重于利用经验模态进行信号处理，Rai A. 等人利用 EMD 和 K-means 相结合的方法对信号进行处理，达到故障诊断的目的[133]。Liu H. 等人在利用多重分型去消除趋势相关分析的同时，也结合了 EMD 方法，最终达到特征提取的目的[127]。在上述的方法中，NMF 及相关方法更注重数据驱动，这一类研究只从信号分离后的拟合曲线出发，忽略了振动机理的研究。EMD 及相关方法则更注重机理驱动，这一类研究单纯地从振动机理表达式曲线出发，忽略了信号本身的情况。

总结上述信号提取方面的研究，在信噪比较弱的情况下，信号的提取会存在一定的误差，但是 Φ-OTDR 技术监测的光纤可以看作是一根线上产生的振动，随着信号往远端传播时的衰减，难免会在光纤有的监测点上涉及信噪比较差的信号，因此需要一种更适合信噪比较差情况下的信号提取方式。对于 Φ-OTDR 分布式振动信号的表达，其实是更需要对数据驱动和机理驱动的有机结合，需要一种振动机理和信号曲线共同作用的方式，既能反映数据的真实情况，又能反映振动的真实状态。

本章主要分为三大部分，第一部分是利用 2D-TESP 方法对信号进行提取，TESP 方法本身就利用了信号的统计特性，2D-TESP 方法具有更加合适的编码区间，同时还兼顾一阶导数和二阶导数的概念，对信噪比较差的情况下，具有良好的信号提取效果。第二部分是采用先验物理模型 EMD 和 NMF 相结合的方式，利用 GA 进行寻优处理，最终达到信号分离的目的。第三部分是结合后的方法中的个别参数采用 Kalman-PID 进行寻优，求解分布式振动信号的相对标准的时域表达问题。技术路线图如图 3-1 所示。

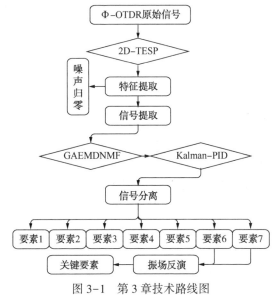

图 3-1　第 3 章技术路线图

3.2 基于 2D-TESP 方法的 Φ-OTDR 特征提取

信号提取是为了更好的信号分离，因此需要充分地保留信号在时域上的数据原型，且因为全分布式光纤传感技术的特点，希望可以在光纤上信噪比较差的位置，尽可能多地提取到有效信号。因此本书选取 2D-TESP 方法对信号进行特征提取。

3.2.1 TESP 算法

带时间特征的序列模式算法（Time Encode Signal Processing，简称 TESP）[134-135]。该算法主要有两大特色，第一是该算法是在时域上直接对信号进行处理，第二是把信号转换成包含有限元素的概率模型。简单地说就是对信号在时域上进行重新编码。TESP 算法的具体实现步骤如下：

（1）在每个长度节点上，把划分好的窗口数据，切割成若干时间段，切割原则遵循：寻找所有过零点，两个相邻的过零点中间为一个时间段，按照 TESP 算法的算法习惯每个时间段称为元。

（2）在每个元上指定两个指标。一个是持续时间，一般用 D 表示；另一个是信号形态，一般用 S 表示。同时根据这两个指标得到如下信息：

① 在每个元内存在多少个采样点，也就是持续时间多长。

② 在每个元的采样点内，进行一次求导，得到每个元内的极值个数情况。

（3）以 D 和 S 作为两个维度构建矩阵，并把每一个矩阵中的相应元素进行编码处理。

（4）统计矩阵中，每个编码所出现的概率，最后把概率分布作为特征代入分类器或者聚类器中。

3.2.2 基于 2D-TESP 算法的特征提取

在传统 TESP 算法中，因为编码原则本身的限制，理论上只存在 29 个字符，同时这种方式在识别中获得了较高的识别率。但是本书主要针对阻尼振动进行研究，29 个字符的编码已经远远超过了阻尼振动在 Φ-OTDR 技术中的要求，因此本书首先对每个矩阵的编码原则进行缩减，由 29 个缩减成 13 个；其次把 D-S 矩阵扩展成 D-$S1$ 和 D-$S2$ 矩阵。最后再把 D-$S1$ 和 D-$S2$ 矩阵中的编码进行联合概率分布统计，构成 A 矩阵。

3.2.2.1 缩减 TESP 的符号表

传统的 TESP 算法表中，S 只表示一阶求导的极值，但是在 Φ-OTDR 技术中可能存在一根光纤上点和点相互影响的问题，因此信号需要进行更进一步的分析，引入了二阶求导求拐点的概念，本书把 S 是极值点的矩阵记做 $D-S1$，把 S 是拐点的矩阵记做 $D-S2$。

同时因为 Φ-OTDR 技术的特点，两个指标 D 和 S 都会变小，因此采用 13 个字符的表示形式。表 3-1 和表 3-2 分别为 $D-S1$ 矩阵标准的 29 字符符号表和扩展的 13 字符符号表。表 3-3 和表 3-4 分别为 $D-S2$ 矩阵标准的 29 字符符号表和扩展的 13 字符符号表。

表 3-1 $D-S1$ 矩阵的 29 符号编码表

D	S					
	1	2	3	4	5	>5
1	1					
2	2	2				
3	3	3	3			
4	4	4	4	4		
5	5	5	5	5	5	
6	6	6	6	6	6	6
……	……	……	……	……	……	……
34	24	25	26	27	28	29
35	24	25	26	27	28	29

表 3-2 $D-S1$ 矩阵的 13 符号编码表

D	S			
	1	2	3	>3
1	1			
2	1	1		
3	1	2	2	
4	2	2	3	
5	3	3	3	
6	3	3	4	4
……	……	……	……	……
34	11	12	13	13

D	S			
	1	2	3	>3
35	11	12	13	13

表 3-3　*D-S2* 矩阵的 29 符号编码表

D	S					
	1	2	3	4	5	>5
3	1					
4	2	2				
5	3	3	3			
6	4	4	4	4		
7	5	5	5	5	5	
8	6	6	6	6	6	6
……	……	……	……	……	……	……
34	24	25	26	27	28	29
35	24	25	26	27	28	29

表 3-4　*D-S2* 矩阵扩展的 13 符号编码表

D	S			
	1	2	3	>3
3	1			
4	1	1		
5	1	2	2	
6	2	2	3	
7	3	3	3	
8	3	3	4	4
……	……	……	……	……
34	11	12	13	13
35	11	12	13	13

　　从表 3-1、表 3-2 中最长持续采样点依旧为 35 个，一阶极值点的统计从 6 类缩减为 4 类，减少了一定的运算编码时间，且几乎不会对编码结果带来影响。表 3-3 和表 3-4 是对二阶拐点的统计，编码结果同样缩小为 13 个编码。

　　从表 3-1、表 3-2、表 3-3、表 3-4 四张表的对比中可以看出，随着表示符号的减少，表示的特征区分得更为粗糙。但是从实际考虑，编码数字比较高的部分的概率分布几乎为零，因此把编码缩减为 13 个字符是可行的，为了增加编码表达信号特征的细致程度，本书使用缩减后的 D-$S1$ 和 D-$S2$ 矩阵联合表示会更具有代表性，同时也会保留更多的信号特征信息。

3.2.2.2 改进后的 2D-TESP 算法

把原算法缩减到 13 字符后，除了用原来的概率密度进行表示外，本书进一步将算法的特征表示为二维的 A 矩阵。A 矩阵的两个维度分别是拓展 D-$S1$ 和拓展 D-$S2$ 矩阵中的 13 个元素，A 矩阵的数值是拓展 D-$S1$ 和拓展 D-$S2$ 矩阵的联合分布概率。

选取一个窗口的信号，按照本书改进的 TESP 算法进行编码，图 3-2 和图 3-3 为 D-$S1$ 和 D-$S2$ 的概率分布直方图。图 3-4 为 D-$S1$ 和 D-$S2$ 联合分布概率 A 矩阵直方图。

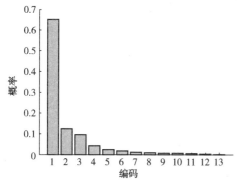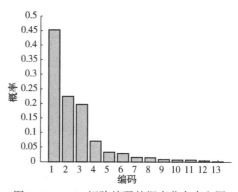

图 3-2 D-$S1$ 矩阵编码的概率分布直方图   图 3-3 D-$S2$ 矩阵编码的概率分布直方图

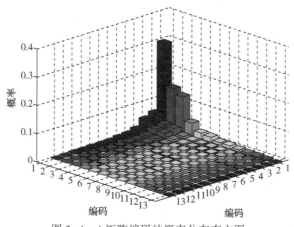

图 3-4 A 矩阵编码的概率分布直方图

3.2.3 算法分析

本书针对 TESP 的算法改进主要有如下几个方面的考虑：

（1）在阻尼振动信号中，利用 TESP 进行编码，会出现编码数字越高出现概率越低的现象，因此本书对原有的 29 字符编码，缩减为 13 字符编码。

（2）因为 Φ-OTDR 技术存在三维数据，所以对信号的表达不仅用了极值点，还采用了拐点，在后续的实验中证明，同时考虑极值点和拐点的情况表达效果会更好。

（3）缩减字符后，13 字符肯定比 29 字符对信号的表达稍显粗糙，但是把编码进行二维表达后，代入试验中得到的结果，在 K-means、层次聚类和谱聚类中，二维 13 字符的效果是最好的。

3.3 基于 GAEMDNMF 的信号分离

因为 Φ-OTDR 技术存在三维数据，需要同时考虑在"时间轴"和"长度轴"的信号表达的问题。在时间轴和长度轴的信号表达问题上，需要综合考虑其物理模型和实际数据特点，进行合理有效地信息表达，为此本书结合了经验模态方法和实际信号数据分解两方面的知识，结合后的结果再用遗传算法进行寻优处理，使方法的参数得到有效的修正，最终达到良好的效果。

3.3.1 经验模态分解 EMD

经验模态分解方法（Empirical Mode Decomposition，简称 EMD），是依赖于对信号的先验知识，用于分离信号的信号处理方法，分离后的信号包含有限个本征模函数（Intrinsic Mode Function，简称 IMF），很适合对周期性的阻尼振动信号进行信号处理。

在"时间-幅度"平面上，因为振动符合阻尼振动的规律，所以建立阻尼振动模型见公式(3-1)。

$$f_1(t) = A_1 \mathrm{e}^{-\frac{t}{\tau}} \sin(w_1 t + \varphi_1) + B_1 \qquad (3-1)$$

在长度-幅度平面上，因为符合辛格 SA 函数规律，所以建立函数关系见公式(3-2)。

$$f_2(l) = A_2 \frac{\sin(w_2 l + \varphi_2)}{w_2 l + \varphi_2} + B_2 \qquad (3-2)$$

时间轴和长度轴上的信号叠加后见公式(3-3)。

$$F(t, l) = f_1(t) \cdot f_2(l) \qquad (3-3)$$

根据上述两个振动模型，把原始信号对应到相应的模型中去，确定模型当中的各个参数，具体步骤如下：

(1) 时间轴的上单个信号的最大绝对值记为 A_1，A_2 记做1；

(2) 把波峰值拟合成一条曲线，得到阻尼衰减系数 τ；

(3) 根据时间轴上的过零点个数确定 w_1；

(4) 根据信号开始时一定是从零点开始运动，因此参数 φ_1 为 0 或 π；

(5) 根据信号的实际情况，取 B_1、B_2 为0；

(6) 根据长度轴上的过零点个数确定 w_2；

(7) 根据信号开始时一定是最大值，因此参数 φ_2 为0；

3.3.2 非负矩阵分解 NMF

非负矩阵分解(Non-Negative Matrix Factorization，简称 NMF)是由 Lee 和 Seung 等人于 1999 年提出，NMF 算法的优点在于：矩阵元素的非负性和分解结果的稀疏性。非常适合与 EMD 算法相结合，进行 Φ-OTDR 的信号分离工作。

非负矩阵分解算法可以这样定义：给定一个非负矩阵 X_+，将矩阵 X_+ 分解成为 W_{+d} 和 H_{+d} 两个非负矩阵的乘积，即公式(3-4)所示。

$$X_+ \approx W_{+d} \cdot H_{+d} \qquad (3-4)$$

式中：下标"+"代表非负约束，参数 d 为近似描述原始数据的低维空间维度，应满足 $(m+n) \cdot d < mn$。对于式(3-4)的求解要求矩阵 W 和 H 的乘积与原矩阵 X 逐步逼近，通常采用欧氏距离来表征两者间的误差，误差函数如公式(3-5)所示。

$$E(X \| WH) = 0.5 \cdot \| X - W \cdot H \|_F^2 = 0.5 \cdot \sum_{ij}(X_{ij} - W_i \cdot H_j)^2 \qquad (3-5)$$

式中：矩阵 X、W、H 的元素为非负。当式(3-5)取得最小值时，矩阵 X 与矩阵 W 和 H 的积误差最小。Lee 和 Seung 给出了对应的迭代规则，如公式(3-6)和公式(3-7)所示。

$$W_{ik} \leftarrow W_{ik} \cdot \frac{X \cdot H^T}{W_{ik} \cdot H \cdot H^T} \qquad (3-6)$$

$$H_{ik} \leftarrow H_{ik} \cdot \frac{W^T \cdot X}{W \cdot W^T \cdot H_{ik}} \qquad (3-7)$$

根据式(3-6)、式(3-7)进行迭代，当 WH 收敛时，迭代结束，非负矩阵分解完成。但是上述方法远远不能满足信号表达的需要，因此需要根据实际情况，进行新的迭代方法。

3.3.3 GAEMD-NMF 算法

传统的 NMF 非负矩阵分解算法，具有的精度范围并不是太理想，因此本书采用 EMD 算法和 NMF 算法相结合的方法，进行信号处理。

重新定义目标函数如下，如公式(3-8)和公式(3-9)所示。

$$E_1(\hat{X}_t \mid\mid f_1(t)) \approx 0.5 \cdot \mid\mid X_t - f_1(t) \mid\mid_F^2 = 0.5 \cdot \sum_{ij}(X_{ij} - f_1(t))^2$$

$$E_2(\hat{X}_l \mid\mid f_2(l)) \approx 0.5 \cdot \mid\mid X_l - f_2(l) \mid\mid_F^2 = 0.5 \cdot \sum_{ij}(X_{ij} - f_2(l))^2$$

$$(3-8)$$

$$F(t, l) \mid_{ij} = f_1(t) \mid_i \cdot f_2(l) \mid_j, \quad \hat{X}(t, l) = \begin{bmatrix} & & & \Delta f(t) \\ & R & & \Delta f(l) \\ & & & \Delta F(t, l) \\ 0 & 0 & 0 & 1 \end{bmatrix}$$

$$(3-9)$$

其中：$X(t, l)$ 主要是指时空差，$f_1(t) \mid_{实际}$、$f_2(l) \mid_{实际}$、$F(t, l) \mid_{实际}$ 为测量数值，$f_1(t) \mid_{计算} = f_1(t)$，$f_2(l) \mid_{计算} = f_2(l)$，$F(t, l) \mid_{计算} = F(t, l)$，$\Delta f(t) = f_1(t) \mid_{实际} - f_1(t) \mid_{计算}$，$\Delta f(l) = f_2(l) \mid_{实际} - f_2(l) \mid_{计算}$，$\Delta F(t, l) = F(t, l) \mid_{实际} - F(t, l) \mid_{计算}$。

为了方便收敛计算，用四元数定义旋转矩阵，如公式(3-10)所示。

$$R = \begin{bmatrix} 1 - (q_2^2 + q_3^2) & 2(q_1 q_2 - q_3 q_0) & 2(q_1 q_3 + q_2 q_0) \\ 2(q_1 q_2 + q_3 q_0) & 1 - (q_1^2 + q_3^2) & 2(q_2 q_3 - q_1 q_0) \\ 2(q_1 q_3 - q_2 q_0) & 2(q_2 q_3 + q_1 q_0) & 1 - (q_1^2 + q_2^2) \end{bmatrix} \quad (3-10)$$

其中：$Q = q_0 + q_1 \cdot i + q_2 \cdot j + q_3 \cdot k$，$q_0$、$q_1$、$q_2$、$q_3$ 为四元数。

空间差得到后，代入原计算值中进行计算，如公式(3-11)所示。

$$[f_\infty(t) \mid_i \quad f_\infty(l) \mid_j \quad F_\infty(t, l) \mid_{ij} \quad 1] = [f(t) \mid_i \quad f(l) \mid_j \quad F(t, l) \mid_{ij} \quad 1] \cdot \hat{X}(t, l)$$

$$(3-11)$$

其中，$f_\infty(t)$、$f_\infty(l)$、$F_\infty(t, l)$ 为计算值，$X(t, l) = F_\infty(t, l)$，经过空间差修正后的数值。在小时空的数据分析中，可以得到一个多维振动模态，也就是实际值与计算值的偏差，本书称之为时空差。

采用 GA 的方法，对上述进行寻优处理。

（1）把信号 $\hat{X}$ 矩阵中的列向量看作一个种群，每个元素看作对应种群中的独立个体。

（2）对整个矩阵进行归一化处理；

（3）$\triangle f(t)\mid_i$、$\triangle f(l)\mid_j$、$\triangle F(t,\ l)\mid_{ij}$ 三个元素的变异收敛步长均为 0.01，q_0、q_1、q_2、q_3 四元数的收敛步长均为 0.1。

（4）根据样本输入建立适应度函数，如公式（3-12）所示。

$$J = 0.5E_1 + 0.5E_2 \tag{3-12}$$

式中，J 为适应度。

（5）根据适应度函数不断进行遗传和变异过程，适应度如果减小则遗传参数结果，如果增大则变异参数结果。

（6）循环上述操作，当时适应度小于 0.01 时，或者循环 1000 次后，跳出循环。

3.4 基于 Kalman-PID 的信号寻优

考虑到 Φ-OTDR 分布式振动信号数据的信噪比较差的情况，Kalman 和 PID 相结合的方式被考虑应用到信号分离中，从而提高信号分离的精度。原始的 Φ-OTDR 信号可以被分离成横轴和纵轴的信息，分别表示成 m 行（以 i 为计数）和 n 列（以 j 为计数）。Φ-OTDR 的原始分布式振动信号被认为是"位移信号"，随后"速度信号"和"加速度信号"也可以分别得到。如公式（3-13）所示。

$$
\begin{aligned}
MI_{ij} &= data_{ij} & i &= 1,\ \ldots,\ m & j &= 1,\ \ldots,\ n \\
MP_{ij} &= MI_{(i+1)j} - MI_{ij} & i &= 1,\ \ldots,\ m-1 & j &= 1,\ \ldots,\ n \\
MD_{ij} &= MI_{(i+2)j} - MI_{(i+1)j} & i &= 1,\ \ldots,\ m-2 & j &= 1,\ \ldots,\ n
\end{aligned}
\tag{3-13}
$$

其中，$data_{ij}$ 是原始信号，MI_{ij} 被视为位移信号，MP_{ij} 被视为速度信号，MD_{ij} 被视为加速度信号，上述的公式可以被分解为公式（3-14）。

$$
\begin{aligned}
MI_{ij} &\to GAEMDNMF \to f_1(t)\&f_{2I}(l) \\
MP_{ij} &\to GAEMDNMF \to f_1{}'(t)\&f_{2P}(l) \\
MD_{ij} &\to GAEMDNMF \to f_1{}''(t)\&f_{2D}(l)
\end{aligned}
\tag{3-14}
$$

这三个长度轴上的函数不能直接从平均数或中位数得出结果。因此，这两个数是通过以下方程获得的。见公式（3-15）。

$$\begin{cases} f_{2\text{mean}}(l) = [f_{2P}(l) + f_{2I}(l) + f_{2D}(l)]/3 \\ f_{2\text{middle}}(l) = \text{middle}[f_{2P}(l), f_{2I}(l), f_{2D}(l)] \end{cases} \quad (3\text{-}15)$$

然后，引入卡尔曼滤波器对结果进行处理。下面列出了五个经典的滤波器方程。见公式(3-16)~公式(3-20)。

(1) 状态矩阵预测方程：

$$\eta(k \mid k-1) = \Psi \cdot \eta(k-1 \mid k-1) + \Upsilon \cdot U(k) \quad (3\text{-}16)$$

(2) 协方差矩阵预测方程：

$$P(k \mid k-1) = \Psi \cdot \eta(k \mid k-1) \cdot \Psi^{T} + Q \quad (3\text{-}17)$$

(3) 协方差矩阵估计方程：

$$\eta(k \mid k) = \eta(k \mid k-1) + Kg(k) \cdot [\Gamma(k) - H \cdot \eta(k \mid k-1)]$$

$$(3\text{-}18)$$

(4) 卡尔曼增益矩阵方程：

$$Kg(k) = P(k \mid k-1) \cdot H \cdot [H \cdot P(k \mid k-1) \cdot H^{T} + R]^{-1} \quad (3\text{-}19)$$

(5) 状态矩阵估计方程：

$$P(k \mid k) = [E - kg(k) \cdot H] \cdot P(k \mid k-1) \quad (3\text{-}20)$$

其中，k 是连续信号时间轴上的采样点数，通过卡尔曼滤波可以得到前一采样点和下一采样点的位置，$\eta(\ )$ 是指在某个采样点上的信号向量。

通过公式(3-18)，在计算协方差矩阵的过程中，分别对 P、I、D 分离出的信号进行最小值求解，见公式(3-21)。

$$\eta = \begin{cases} \eta_P, \ \min(|\eta_P|, |\eta_I|, |\eta_D|) = |\eta_P| \\ \eta_I, \ \min(|\eta_P|, |\eta_I|, |\eta_D|) = |\eta_I| \\ \eta_D, \ \min(|\eta_P|, |\eta_I|, |\eta_D|) = |\eta_D| \end{cases} \quad (3\text{-}21)$$

3.5　实验验证

3.5.1　实验环境

本书采用的 Φ-OTDR 仪器为 NBX-S3000 仪器设备，仪器如图 3-5 所示。在该设备中的实际参数指标如下：

采样率：4000Hz；

记录时间：10s；

空间分辨率：0.1m；

记录距离：10m。

振动源采用标准的振动设备，图3-6是振动源五个敲击锤的实物图，图3-7是振动源实物图。

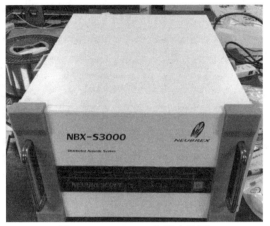

图 3-5　Φ-OTDR 仪器实物图

图 3-6　五个敲击锤实物图

图 3-7　振动设备实物图

为了抑制环境噪声，保证振动效果的良好性，特意选取消声室进行试验，具体实验环境如图3-8和图3-9所示，图3-8中光纤紧贴地面，图3-9中仪器放在了减振台上。

图3-8　光纤布设场景　　　　　　　图3-9　实验室场景

3.5.2　数据展示

长度轴上的作用域为4.5~5.9m处，5.2m信号最强。因此分别观察4.4~6.1m中信号的幅度随时间和长度变化而变化，如图3-10所示。

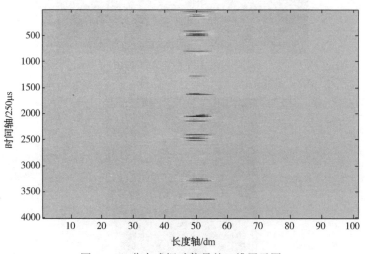

图3-10　分布式振动信号的二维展示图

从图3-10中可以看出，未经过处理的振动信号，在4.5~5.9m信号比较清晰，表3-5是作用域内各点的信噪比数据。

表 3-5　作用域内各长度点原始信号信噪比

序号	长度点/m	信噪比/dB	序号	长度点/m	信噪比/dB
1	4.4	0.5061	10	5.3	6.7691
2	4.5	1.7981	11	5.4	6.3194
3	4.6	3.5218	12	5.5	5.9771
4	4.7	5.0084	13	5.6	5.4368
5	4.8	5.2964	14	5.7	4.8608
6	4.9	6.0163	15	5.8	3.8066
7	5.0	6.4029	16	5.9	1.5836
8	5.1	6.8485	17	6.0	0.4238
9	5.2	7.9589	18	6.1	0

3.5.3　信号提取实验

在利用本书的 2D-TESP 方法进行编码并提取特征后，把其分别代入目前较为流行的聚类算法中，分别有：K-means 聚类算法、层次聚类和谱聚类三种。对比极值 29 字符/D-S1(29)、极值 13 字符/D-S1(13)、拐点 29 字符/D-S2(29)、拐点 13 字符/D-S2(13)、极值点+拐点矩阵/A 五种情况，各情况的聚类准确率见表 3-6。表 3-6 是光纤上 4.4～4.6m 各位置和 5.9～6.1m 各位置信号的平均正确率。

表 3-6　信噪比不同情况下，不同 TESP 编码之间的聚类正确率比较

序号	名称	低 SNR			高 SNR		
		K-means/%	层次聚类/%	谱聚类/%	K-means/%	层次聚类/%	谱聚类/%
1	D-S1(29)	84.76	85.97	86.72	94.16	95.97	96.32
2	D-S1(13)	84.67	85.21	86.34	93.87	95.21	96.14
3	D-S2(29)	82.31	83.41	84.91	94.01	95.41	96.41
4	D-S2(13)	81.74	82.92	83.34	93.74	95.12	96.34
5	A	93.12	94.22	96.12	94.72	96.12	96.82

从表 3-6 可以看出，2D-TESP 算法的正确率是五种编码方式中最好的，谱聚类的方式是三种聚类方法中最好的。在信噪比良好的情况下，2D-TESP 算法的正确率比传统的 TESP 算法提高了 0.5% 左右；但是在信噪比不好的情况下，2D-TESP 算法的正确率比传统的 TESP 算法提高了 8% 左右。2D-TESP 算法的正确率在强弱信噪比的情况下较为接近，相差 1% 左右。

针对"改进的 TESP 编码字符 13 是否是最合适的"这个问题进行讨论，在

有效范围内做实验，得到的结果如图 3-11 所示。

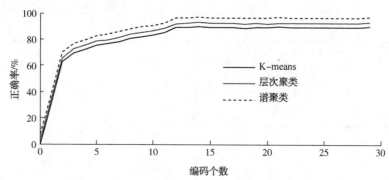

图 3-11　不同编码符号个数之间的聚类正确率比较

根据图 3-11 可以看出，13~29 字符间的正确率几乎一致，没有差别，但是到了 13 字符内，会对正确率产生一定的影响，3 字符以内正确率几乎成线性下降趋势。

3.5.4　信号分离实验

因为 Φ-OTDR 信号是一个三维数据，因此信号的表达需要从长度轴和时间轴两方面来看其表达后性能的好坏。

3.5.4.1　在长度轴上的定位问题

敲击器上有等间距的五个敲击锤，每两个敲击锤的间距为 10cm，分离五个不同的信号，在时间轴上，这五个信号是不相同的，如图 3-12 所示。

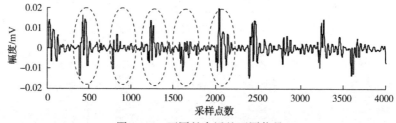

图 3-12　不同敲击锤的不同信号

因此每两个敲击锤在长度轴上的定位间距是固定的 10cm，五个敲击锤中间有四个间距，比较四个间距的具体数值，对比 NMF、不经寻优的 EMD-NMF 和寻优后的 EMD-NMF，如图 3-13 所示。

从图 3-13 可以看出，GAEMD-NMF 方法的性能最好，EMD-NMF 方法的性能次之，NMF 的性能能最差。为了验证上述情况的准确性，经过 100 组反复试验，取不同方法间四个间距误差范围，如图 3-14 所示。

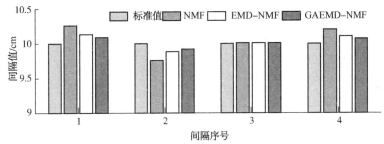

图 3-13　不同表达方法的定位性能比较

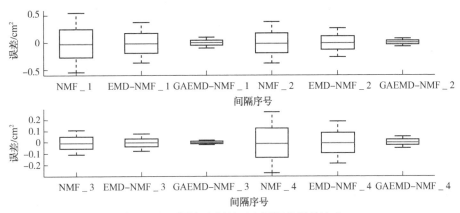

图 3-14　不同方法间的四个间距的误差波动

从图 3-14 可以看出，在四个间距中，本书的 GAEMDNMF 方法是效果最好的方法，误差的波动范围最小，误差波动范围比不寻优的 EMD-NMF 缩小了一半，比直接利用 NMF 方法缩小了 1/3。GAEMDNMF 方法在四个间距上的误差范围在 ±0.1cm 内波动。

3.5.4.2　信号在时间轴上的振动模态问题

信号表达在时间轴上的性能，最主要的就是频谱分析是否一致，本书在光纤沿线布置了高精度振动传感器，与原始信号、NMF、EMDNMF、GAEMD-NMF 四种状态下的频谱进行比较，如图 3-15 所示。

从图 3-15 中看出几个实验结果如下：

（1）原始信号和 NMF 信号具有较大的高频噪声，说明信噪分离的情况较差。

（2）EMD-NMF 和 GAEMD-NMF 高频噪声几乎没有，说明信噪分离的情况良好。

（3）EMD-NMF、GAEMD-NMF 和传感器信号的频谱图趋势是一致的，说明本书方法的有效性。

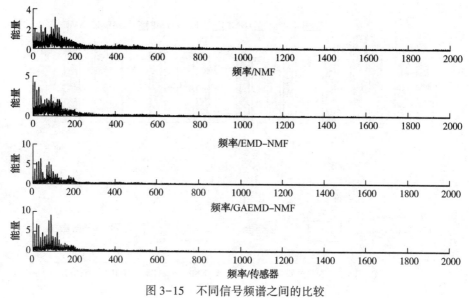

图 3-15　不同信号频谱之间的比较

（4）原始信号和 NMF 方法信号的频谱图，与其他三类并不太一致，说明信号表达方法不够理想。

（5）因为设备不一样，所以可能存在功率谱有效值的差别，因此对上述趋势一致的方法，对其功率谱中的每个频率段进行归一化处理，得到 GAEMD-NMF 与传感器的相似度为 95.63%，EMD-NMF 与传感器的相似度为 90.74%，说明寻优后的方法比寻优前提高了 5.11%。

3.5.5　Kalman-PID 对信号表达的寻优处理

分别称为 P（比例）、I（积分）、D（微分）、Kalman PID、均值 PID（Mean PID）和中间 PID（Middle PID），平均 PID 法是 P 法、I 法和 D 法之间的平均值，中间 PID 法是 P 法、I 法和 D 法的中间值，根据上述六种方法，求解了五个打击点之间的四个间隙值的数值，每个间隙值的标准值为 10cm。1000 组实验证明了六种方法的差异，结果如图 3-16 所示。

这些方法在四个空间中被训练 1000 次。P、I、D 方法的定位效果基本相同。平均误差为 0.5~0.7cm，波动范围为-0.55~0.55cm。平均 PID 和中间 PID 方法的定位效果优于 P、I 和 D 方法。平均误差为 0.5~0.65cm，波动范围为-0.2~0.2cm。卡尔曼滤波方法的定位效果明显优于其他方法。其平均误差为 0.35~0.45cm，其波动范围为-0.45~0.45cm。Kalman PID 方法在四个空间中提高了 1%左右的精度，减小了 10%左右的波动范围。Kalman 方法是基于最小方差矩阵和逐步滤波的方法。方差矩阵在 P、I 和 D 方法中选择最小方差矩阵。该方法对误差有很好的抑制作用。

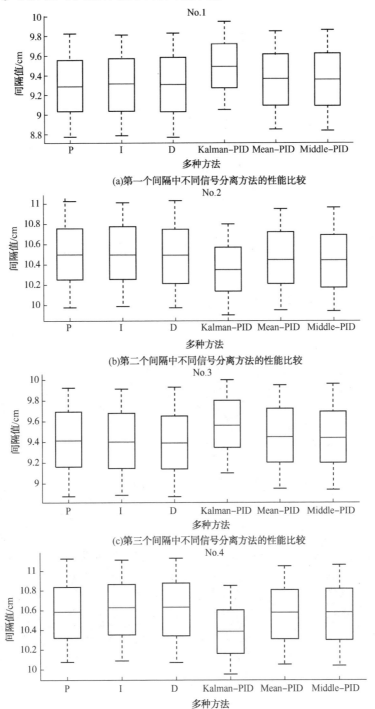

(a)第一个间隔中不同信号分离方法的性能比较

(b)第二个间隔中不同信号分离方法的性能比较

(c)第三个间隔中不同信号分离方法的性能比较

(d)第四个间隔中不同信号分离方法的性能比较

图3-16　不同的信号分离方法的性能比较

3.6 振场反演效果展示

根据上述的振动模态多维要素求解结果，以振源点为中心，作用域为直径，振动数据呈涟漪状分布，其中在振动模态的多维要素分析中，作用域和振源点两个要素对振场反演是十分重要的，五个敲击锤不同的振场反演效果如图 3-17 所示，在图中展示的是有信号小时空内的 Φ-OTDR 信号振场反演效果，图中是 Φ-OTDR 振动信号在光纤的某个固定长度点上，以及某个固定时间上的振动信号反演图。

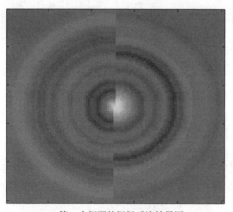

(a) 第一个振源的振场反演效果图

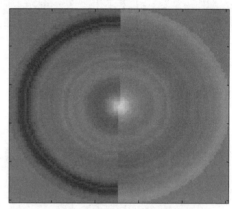

(b) 第二个振源的振场反演效果图

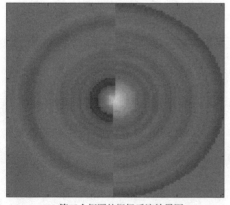

(c) 第三个振源的振场反演效果图

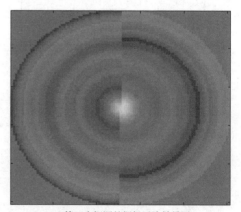

(d) 第四个振源的振场反演效果图

图 3-17 五个振源不同的振场反演效果图

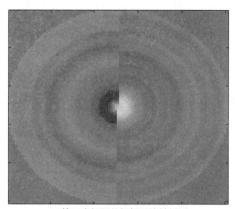

(e) 第五个振源的振场反演效果图

图 3-17　五个振源不同的振场反演效果图(续)

上述图 3-17 中，具体的振动数据见表 3-7。

表 3-7　五个振源的振场反演数据

多维要素	敲击锤 No.1	敲击锤 No.2	敲击锤 No.3	敲击锤 No.4	敲击锤 No.5
振动模型	正弦函数	正弦函数	正弦函数	正弦函数	正弦函数
固有频率/Hz	0~200	0~200	0~200	0~200	0~200
阻尼比（左）	7.59×10^{-2}	4.01×10^{-2}	5.55×10^{-2}	6.44×10^{-2}	7.68×10^{-2}
阻尼比（右）	7.30×10^{-2}	4.30×10^{-2}	5.33×10^{-2}	6.19×10^{-2}	7.94×10^{-2}
信噪比/dB	7.60	3.52	8.30	7.96	6.02
时空差	$\begin{bmatrix} 1.03 & 0 & -0.02 \\ 0 & 0.95 & 0 \\ 0.01 & 0.01 & 0.97 \end{bmatrix}$	$\begin{bmatrix} 0.98 & -0.02 & 0 \\ 0.01 & 1.01 & 0 \\ 0 & 0 & 0.97 \end{bmatrix}$	$\begin{bmatrix} 1.01 & 0.01 & 0.02 \\ 0 & 0.99 & -0.02 \\ 0 & 0.01 & 0.99 \end{bmatrix}$	$\begin{bmatrix} 0.99 & 0.03 & 0.02 \\ 0 & 1.01 & 0 \\ -0.01 & 0.01 & 1.02 \end{bmatrix}$	$\begin{bmatrix} 1 & 0 & 0.02 \\ 0.01 & 0.95 & 0 \\ 0 & 0.01 & 0.98 \end{bmatrix}$
作用域左/dm	8	8	8	8	8
作用域右/dm	8	8	8	8	8
振源点/m	4.9	5.0	5.1	5.2	5.3

从图 3-17 和表 3-7 可以看出如下几个方面：

（1）不同的信号振场反演图是不同的。

（2）振场反演图是一圈圈呈涟漪状往外扩散，是符合振动规律的。

（3）振源点的强度是相似的，但是衰减效果各不相同。

（4）图中的涟漪状分布，如果进行切片观察，符合时间轴上的阻尼振动规律。

（5）从振源点出发，沿光纤向左和沿光纤向右的振动数据分布，是呈现不同规律的，这是因为传播介质有所区别，并不能保障绝对均匀。

3.7　本章小结

在第 2 章中，得到了 Φ-OTDR 分布式振动信号振动模态的多维要素后，本章提出了相应的求解过程，首先对有信号的部分进行信号提取，得到需要求解分析的对象，其次是对提取后的信号进行信号时间轴和长度轴的分离，得到分离后的结果，最后对信号进行寻优处理，进一步减小分离后信号的误差，提高信号分离效果。具体方法包含三个部分：基于 2D-TESP 方法的提取信号方法研究，在兼容了 Φ-OTDR 分布式振动信号一阶导数和二阶导数特点的基础上，还保证算法计算效率；基于 GAEMDNMF 方法的信号分离方法研究，保证了 Φ-OTDR 信号在时间和长度两个维度中的信号模型完整，对分离后的信号进行一一对应，得到振动模态的各项多维要素；基于 Kalman-PID 方法的信号优化方法研究，使信号的分离效果得到了明显的提升。

结合第 2 章和本章的内容，本章主要围绕 Φ-OTDR 分布式振动数据的多维模态表达的求解方法进行分析研究，解决了现有研究中局限于单点式振动的模态分析现状，本章指出在 Φ-OTDR 分布式振动数据模态分析中的多维要素包含：固有频率、阻尼比、模态模型、信噪比、作用域、振源点、时空差，最终达到 Φ-OTDR 信号振动模态分布式表达的目的。

4 振场反演中关键要素的热力解耦

4.1 引言

光纤是由多种材料构成的，多种材料间的热胀冷缩系数并不相同，因此不同的温度、应力和热力耦合都会对光纤的振动模态中的振源定位产生影响，而温度、应力和热力耦合也可以通过另一种全分布式光纤传感技术——布里渊光时域反射计（BOTDR）进行获取。

很多学者在振动分析的研究中，发现了热力耦合现象的存在，一些研究是面向新的材料领域，如碳纳米管（carbon nanotubes，CNT）[136-138]、功能梯度（functionally graded，FG）[139]、磁流变弹性体（magnetorheological elastomers，MRES）[140]、宏纤维复合材料（macro fiber composite，MFC）[141]、陶瓷基复合材料（ceramic matrix composite，CMC）[142]。一些研究是面向机械电子设备，如 MEMS 谐振器（MEMS resonators）[143]、SMA 隔振器（SMA vibration isolator）[144]。另一些则面向实用的设施，如柔性有害热管（flexible wicked heat pipes）[145]、大型焊接壁（large-scale welded wall）[146]、夹层微板（sandwich microplate）[147]。这些研究不涉及光纤相关技术，但热力耦合已经反映在所有的客观物质中，可以推断在 Φ-OTDR 技术中也存在热力耦合现象，在信号采集以及分析热力耦合与振动模态之间的关系时，没有考虑到这种现象。

由于温度、应力和热力耦合的影响，信号会产生一定的偏差，因此需要信号匹配的过程。信号匹配的研究分为一维信号匹配和二维信号匹配，一维信号匹配主要由语音信号匹配来表示，一些方法包括动态时间扭曲（Dynamic Time Warping，DTW）[148-149]、隐马尔科夫链（Hidden Markov Method，HMM）[150-151]、矢量量化（Vector Quantization，VQ）[152-153]。二维信号匹配主要表现为灰度匹配和特征匹配等图像信号匹配，灰度匹配包括平均绝对偏差

（Mean Absolute Deviation，MAD）[154]、绝对差之和（Sum of Absolute Differences，SAD）[155]、平方差之和（Sum of Squared Differences，SSD）[156]、均方差值（Mean Square Differences，MSD）[157]、归一化互相关（Normalized Cross Correlation，NCC）[158]、序列相似性检测算法（Sequential Similarity Detection Algorithm，SSDA）[159]和绝对值差之和（Sum of Absolute Transformed Difference，SATD）[160]。特征匹配包括广义 Hough 变换（Generalized Hough Transform，GHT）[161]、加速鲁棒特征（Speeded Up Robust Features，SURF）[162]、尺度不变特征变换（Scale Invariant Feature Transform，SIFT）[163]和深度学习（Deep Learning）[164-165]。这些方法只解决一维或二维信号问题，在时间、长度和热力耦合方面，它们不适用于三维的 Φ-OTDR 数据。

本书针对热力耦合下的信号分离问题进行了研究，热力耦合是反馈系统的输入，它的模型由 GA-RBF 方法去解耦热力耦合，热力耦合随时间和长度的增加而增加，为三维的 Φ-OTDR 数据，为了处理三维数据的匹配问题，本书提出了 3D-SURF 方法，基于三维信息特征重建 Box 滤波器和高斯金字塔，最终实现了对 Φ-OTDR 信号的精确定位。图 4-1 是本章的技术流程图。

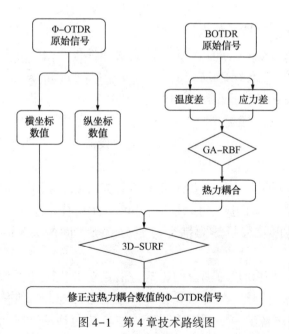

图 4-1　第 4 章技术路线图

4.2 热力耦合和布里渊光时域反射计(BOTDR)

热力耦合过程是应力场与温度场两个物理场之间相互影响的过程，即温度对受力变形有影响，同时受力变形对温度变化也有影响。因为热力耦合影响，光纤本身随温度变化，应变和应力对应的关系会发生微小的变化，而本书就是解耦这种微小变化，使应变和应力关系更加准确。为了克服上述热力耦合现象所导致的现有技术不足，本书提供了一种基于 BOTDR 技术的热力耦合解耦方法，符合温度变化下的 BOTDR 技术的"应变–应力"测量。BOTDR 技术的全称是"Brillouin Optical Time Domain Reflection"，其中文名称是"布里渊光时域反射"，它是通过布里渊散射的方法检测应变/温度的目的。

本书提供一种基于 BOTDR 技术的热力耦合解耦方法，根据 BOTDR 技术的原理[166]，可以很容易得出如下公式：

$$\Delta f_{\text{布里渊}} = a_{11} \cdot \Delta T + a_{12} \cdot \Delta \varepsilon \qquad (4-1)$$

其中 $\Delta f_{\text{布里渊}}$ 是指布里渊散射光中心频率的偏移，ΔT 是指温度的变化，$\Delta \varepsilon$ 是指应变的变化，a_{11} 是指温度变化对应的中心频率的变化，a_{12} 是指应变变化对应的中心频率的变化。

在实际使用过程中，辅助有温度计、应变表等设备，需要对使用的光纤进行标定，使 a_{11} 和 a_{12} 两个系数更加准确。

因为在 BOTDR 技术中，布里渊中心频率的偏移是伴随着温度和应变同时变化的，如果只需要应变关系的话，需要对温度和应变两个指标进行一下分离。本书采用同一根光纤中，利用不同的方法进行处理，从而达到最终分离的效果[166]。

在第一步布里渊检测的基础上，利用瑞利的方法进行测量，公式如下：

$$\Delta f_{\text{瑞利}} = a_{21} \cdot \Delta T + a_{22} \cdot \Delta \varepsilon \qquad (4-2)$$

其中 $\Delta f_{\text{瑞利}}$ 是指瑞利散射光频率的偏移，瑞利散光的频率与入射光的频率相等，ΔT 是指温度的变化，$\Delta \varepsilon$ 是指应变的变化，a_{11} 是指温度变化对应的频率的变化，a_{12} 是指应变变化对应的频率的变化。

根据布里渊和瑞利的检测方法，可以求解二元一次方程组，从而达到温度和应变分离的效果。

现行的分布式光纤传感技术，可以测量的应变范围在 $-3000 \sim +4000 \mu \varepsilon$ 以内，因此本书只取 $0 \sim 4000 \mu\varepsilon$ 微应变进行研究，采用应变表和拉力计同时作用，每 100 个微应变记录一次拉力数据，数据点如图 4-2 所示。

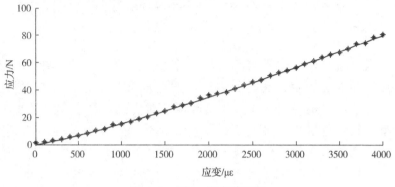

图 4-2 应力-应变关系图

根据图 4-2 的数据点，拟合曲线得到公式如下：

$$F_{拉} = a \cdot \Delta\varepsilon^{1.2} \tag{4-3}$$

4.3 热力耦合实验

在第 3 章的基础上，本书采用的布里渊光时域反射设备，是采用的NBX-7020，如图 4-3、图 4-4 所示。

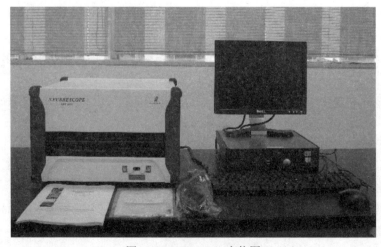

图 4-3 NBX-7020 实物图

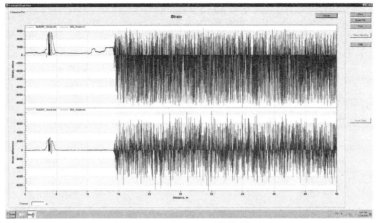

图 4-4　NBX-7020 操作界面

通过标定可以知道，基于布里渊散射原理的光纤的中心频率-应变/温度系数。如下所示：

$$a_{11} = 1.07\text{MHz/℃}，a_{12} = 0.0497\text{MHz/}\mu\varepsilon \qquad (4-4)$$

通过标定可以知道，基于瑞利散射原理的光纤的光频率-应变/温度系数。如下所示：

$$a_{21} = -1.379\text{GHz/℃}，a_{22} = -0.1542\text{GHz/}\mu\varepsilon \qquad (4-5)$$

根据布里渊和瑞利的原理联立组成方程，如下所示：

$$\begin{cases} \Delta f_{\text{布里渊}} = a_{11} \cdot \Delta T + a_{12} \cdot \Delta\varepsilon \\ \Delta f_{\text{瑞利}} = a_{21} \cdot \Delta T + a_{22} \cdot \Delta\varepsilon \end{cases} \qquad (4-6)$$

取 1m 长的光纤，固定光纤的一端，在另一端从小到大施加拉力，分别用拉力计和应变表记录数据，得到的数据见表 4-1。

表 4-1　应变和应力关系对应表

序号	应变/$\mu\varepsilon$	应力/N	序号	应变/$\mu\varepsilon$	应力/N
1	100	2.11×10^2	21	2100	37.13×10^2
2	200	2.69×10^2	22	2200	38.59×10^2
3	300	4.21×10^2	23	2300	41.02×10^2
4	400	5.61×10^2	24	2400	43.47×10^2
5	500	6.40×10^2	25	2500	46.02×10^2
6	600	8.20×10^2	26	2600	47.54×10^2
7	700	10.20×10^2	27	2700	50.43×10^2
8	800	11.44×10^2	28	2800	52.87×10^2

序号	应变/$\mu\varepsilon$	应力/N	序号	应变/$\mu\varepsilon$	应力/N
9	900	14.42×10^2	29	2900	54.13×10^2
10	1000	14.92×10^2	30	3000	56.17×10^2
11	1100	16.81×10^2	31	3100	58.80×10^2
12	1200	18.57×10^2	32	3200	61.13×10^2
13	1300	20.58×10^2	33	3300	63.64×10^2
14	1400	22.92×10^2	34	3400	66.11×10^2
15	1500	24.63×10^2	35	3500	67.60×10^2
16	1600	27.84×10^2	36	3600	70.29×10^2
17	1700	28.86×10^2	37	3700	73.72×10^2
18	1800	30.40×10^2	38	3800	74.54×10^2
19	1900	33.89×10^2	39	3900	78.71×10^2
20	2000	36.11×10^2	40	4000	80.71×10^2

对表 4-1 的 40 个点进行描点绘图，进行曲线拟合后，得到每个单位长度光纤上应变与应力的曲线方程为：

$$F_{拉}' = 0.38 \cdot \Delta\varepsilon^{1.2} \tag{4-7}$$

受应变整个范围内，单位光纤的应力得出后，计算出总的受力。

$$F_{拉} = F_{拉}' \cdot l \tag{4-8}$$

根据表 4-1 数据格式，利用外界温度变化环境，分别在 20℃、25℃、30℃、35℃、40℃，经过多次试验，得到热力耦合参数结果见表 4-2。

表 4-2 热力耦合参数实验数据表

热力耦合系数/ $[N/(℃\cdot\mu\varepsilon)]$ 应变/$\mu\varepsilon$ 温度/℃	20	25	30	35	40
100	213.44	210.64	206.51	197.98	192.24
200	277.23	269.32	261.73	253.85	249.56
300	423.57	421.22	413.62	404.83	402.74
400	561.22	561.21	560.61	555.04	550.59
500	645.57	640.04	636.64	627.56	623.09
600	827.46	819.78	813.72	811.84	809.64
700	1029.99	1020.24	1018.44	1010.34	1001.48
800	1145.13	1143.52	1139.75	1138.83	1129.13
900	1446.43	1442.00	1433.81	1424.58	1419.75

续表

热力耦合系数/[N/(℃·με)] \ 温度/℃ 应变/με	20	25	30	35	40
1000	1500.05	1491.76	1488.04	1483.03	1474.28
1100	1690.51	1681.30	1675.48	1666.40	1661.38
1200	1862.35	1856.93	1852.62	1848.41	1839.61
1300	2066.29	2058.13	2048.49	2041.69	2033.98
1400	2301.64	2292.50	2285.69	2282.73	2273.48
1500	2468.02	2463.12	2462.78	2456.85	2454.16
1600	2785.63	2783.73	2779.79	2777.66	2777.28
1700	2889.92	2885.75	2876.56	2870.85	2863.06
1800	3046.40	3039.71	3030.01	3026.99	3023.04
1900	3398.47	3389.02	3382.99	3378.02	3377.02
2000	3613.24	3611.47	3609.75	3600.93	3594.38
2100	3719.22	3712.85	3707.91	3699.45	3692.77
2200	3867.19	3858.87	3853.75	3852.88	3843.71
2300	4110.96	4101.76	4096.45	4088.41	4085.64
2400	4350.44	4347.25	4338.50	4335.57	4331.85
2500	4606.85	4601.65	4596.38	4591.84	4589.29
2600	4756.70	4754.03	4745.07	4738.20	4733.23
2700	5047.03	5042.76	5033.24	5027.54	5021.02
2800	5293.52	5286.67	5280.45	5279.02	5271.67
2900	5412.83	5412.62	5411.22	5408.68	5400.22
3000	5617.72	5617.14	5613.57	5605.22	5602.34
3100	5886.47	5879.88	5873.98	5865.45	5859.62
3200	6116.85	6112.66	6107.39	6099.66	6097.96
3300	6368.63	6363.54	6362.54	6362.18	6357.61
3400	6613.74	6611.46	6602.93	6600.51	6596.51
3500	6762.85	6759.55	6752.68	6745.36	6740.21
3600	7029.02	7028.83	7024.34	7017.46	7013.94
3700	7374.03	7371.73	7362.22	7353.23	7348.57
3800	7454.32	7453.84	7451.73	7445.57	7439.15
3900	7875.89	7871.48	7864.96	7861.37	7860.14
4000	8072.00	8070.71	8064.78	8058.90	8058.69

绘制应变/应力曲线如图 4-5 所示，图中只是对一个数据点进行展示。

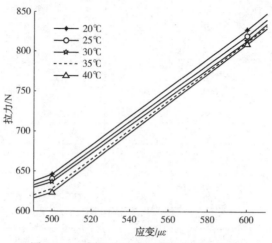

图 4-5　不同温度下应变应力关系曲线图

绘制图 4-5 过程中，数据的来源是表 4-2 中的数据。在图 4-5 中可以看出，拉力和微应变基本上呈线性关系，但是当温度越低时，发生同样的微应变需要的应力越大，反之根据图 4-5 表明，当温度越高时光纤发生同样的应变，所受到的应力越小。

因此在本书中指出，温度的不同会导致应变/应力之间的转换系数不同，也就是本书指出的热力耦合现象，在实际工程中，无论是通过应力转换成应变，还是通过应变转换成应力，都需要考虑到不同温度下转换系数不同这一问题，也就是热力耦合的现象。

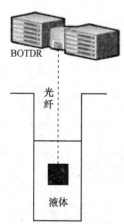

图 4-6　热力耦合测试
实验示意图

在光纤的末端，连接一个体积、密度均已知的重物，把重物浸入液体当中，如图 4-6 所示。在测量过程中，光纤的体积和连接处的体积可以忽略不计。

浸入液体前后分别检测一回，在这里温度可以认为是不变的，应变换算公式如式（4-9）所示，求解方程组得到，浸入液体前的应变为 $\Delta\varepsilon_1 = 495\mu\varepsilon$，浸入液体后的应变为 $\Delta\varepsilon_2 = 378\mu\varepsilon$。

众所周知，物体在液体中受到的浮力如公式所示：

$$F_浮 = \rho_液 g V_排 \tag{4-9}$$

物体的重力如公式所示：

$$G = \rho_物 g V_排 \tag{4-10}$$

因此上述公式可以转换成对光纤的拉力，公式如下：

$$F_拉 = G - F_浮 = (\rho_物 - \rho_液) g V_排 \tag{4-11}$$

测得浸入液体前后的应变对应的拉力，浸入前为 $F_{拉1} = 619.36$N，浸入后为 $F_{拉2} = 540.96$N。

因此可以得到浮力的计算公式为：

$$F_浮 = F_{拉1} - F_{拉2} = \rho_液 g V_排 \tag{4-12}$$

重力加速度和物体体积已知，因此可以得到液体密度。

为了验证可能性，分别使用多种液体进行测试，得到的结果见表4-3。

表4-3 液体密度测试结果

液体种类	纯净水	饱和食盐水	可乐	食用油	医用酒精
理论密度/（kg/m³）	1000	1333	1059	920	855
测量密度/（kg/m³）	999.15	1335.11	1057.36	921.59	855.3

由上述实例可以看出，本书的方法具有比较好的可行性，对监测未知环境液体密度具有良好的效果。

4.4 热力耦合反馈和三维数据匹配

4.4.1 反馈模型

在振动监测中，温度和应力对光纤的影响会导致信号的变化，本书提出的方法是一种全分布式光纤传感技术，采用单模光纤实现了光纤的 Φ-OTDR 技术，它应该确保技术是在同一光纤，只用 BOTDR 方法对信号进行分解是不合适的，本书采用布里渊中心频移和瑞利频移相结合的方法分离温度和应变信息，具体的方法如公式（4-13）所示。

$$\begin{cases} \Delta f_{Brillouin-center} = k_1 \cdot \Delta T + k_2 \cdot \Delta\varepsilon \\ \Delta f_{Rayleigh} = k_3 \cdot \Delta T + k_4 \cdot \Delta\varepsilon \end{cases} \tag{4-13}$$

其中，k_1、k_2、k_3、k_4 被提前标定好。

在已知温度和应变信息的情况下，在公式（4-14）中建立了一组反馈模型。

$$\Gamma_1(\Delta T,\ \Delta\varepsilon) = [K_1 \quad K_2] \cdot [\Delta T \quad \Delta\varepsilon]^{\mathrm{T}}$$

$$\Gamma_2(\Delta T,\ \Delta\varepsilon) = [K_1 \quad K_2] \cdot [e^{\Delta T} \quad e^{\Delta\varepsilon}]^{\mathrm{T}}$$

$$\Gamma_3(\Delta T,\ \Delta\varepsilon) = [K_1 \quad K_2] \cdot [e^{-\Delta T} \quad e^{-\Delta\varepsilon}]^{\mathrm{T}}$$

$$\Gamma_4(\Delta T,\ \Delta\varepsilon) = [K_1 \quad K_2] \cdot [\Delta T^{-1} \quad \Delta\varepsilon^{-1}]^{\mathrm{T}} \qquad (4\text{-}14)$$

$$\Gamma_5(\Delta T,\ \Delta\varepsilon) = [K_1 \quad K_2] \cdot [\Delta T^2 \quad \Delta\varepsilon^2]^{\mathrm{T}}$$

$$\Gamma_6(\Delta T,\ \Delta\varepsilon) = [K_1 \quad K_2] \cdot [\Delta T^{-2} \quad \Delta\varepsilon^{-2}]^{\mathrm{T}}$$

其中，K_1 和 K_2 均是非负对角矩阵，它们在公式(4-15)中示出。

$$\begin{cases} K_1 = \mathrm{diag}[\Delta T^2] \\ K_2 = \mathrm{diag}[\Delta\varepsilon^2] \end{cases} \qquad (4\text{-}15)$$

每个反馈装置的反馈效果是不同的，对于 P、I、D 的分解，相同的反馈也不同，构造了 6×3 的加权矩阵，如公式(4-16)所示，建立目标函数。权重矩阵被遍历或优化以满足目标函数的最小条件。

$$J = \left\| \begin{bmatrix} f_{2P}(l) \\ f_{2I}(l) \\ f_{2D}(l) \end{bmatrix} - f_{2kalman}(l) \begin{bmatrix} 1 \\ 1 \\ 1 \end{bmatrix} \right\| \qquad (4\text{-}16)$$

4.4.2　热力耦合

热力耦合现象客观存在，例如，温度变化会引起热膨胀和收缩，从而影响应力。在 Φ-OTDR 技术中，热耦合对振动的影响是无法确定的，因此，有必要使用机器学习来训练和处理这个问题，RBF 网络的结构分为三层，网络示意图如图 4-7 所示。

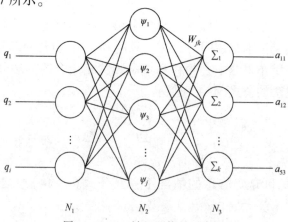

图 4-7　RBF 神经网络的示意图

本书采用正则化 RBF 神经网络进行了研究，输入层、隐藏层和输出层中的节点数是 $N_1 = 2$，$N_2 = 2$，$N_3 = N$，第一层是输入层，分别对应了温度和应变两个参数；第二层是隐藏层，是对应了第一层的参数个数得到；第三层是输出层，是热力耦合数据。如果输入是 $[Q_1，Q_2]^T$，隐藏层中的神经元的输出在公式(4-17)中示出。

$$\varphi(r) = \exp\left\{ -\frac{r^2}{2\sigma^2} \right\}，\ r = \parallel q_i - \tilde{q} \parallel^2 \qquad (4-17)$$

其中，$\tilde{q}$ 是高斯基函数的样本数据中心，它是 2D 向量，σ 是高斯基函数的样本方差。隐藏层到输出层遵循线性变换的原理，它是通过从输出到隐藏层的线性权重矩阵计算获得的。

在公式(4-18)中示出了网络的收敛步骤。

$$\delta = \frac{r_{\max}}{\sqrt{2P}} \qquad (4-18)$$

其中，P 是样本数，$r_{\max}$ 指距离数据中心最大的距离。

根据最小均方算法(LMS)，隐藏层到输出层的权重可以在公式(4-19)中进行调整。

$$\Delta w_{jk} = \eta(r_{\max} - W\Phi)\varphi_j \qquad (4-19)$$

其中，Δw_{jk} 是权重矩阵调整的数值，W 是从隐层到输出层的权重矩阵，η 是学习速度，Φ 是隐藏节点的向量。

输出层中的每个神经元的输出数据显示在公式(4-20)中。

$$a_k = \sum_{j=1}^{J} w_{jk} \cdot \varphi_j \qquad (4-20)$$

其中，w_{jk} 表示每个节点从隐藏层到输出层的连接权重，它是一个 $n_2 \times n_3$ 矩阵。

本书采用遗传算法计算从隐层到输出层的权矩阵。其权重矩阵基于 RBF 网络中的数据样本，主要步骤如下。

(1) 首先随机生成从隐层到输出的一组权重，$n_2 \times n_3$ 矩阵中的每一行被视为一个总体，每个元素被视为相应群体中的独立实体。

(2) 编码规则遵循从 0 到 1 的步长 0.1 的规则，每一行的 n 个元素之和为 1。

(3) 根据样本输入，如公式(4-21)所示建立适应度函数。

$$f = \parallel \zeta(Q) \cdot W_1 \cdot W_2 - \bar{A} \parallel \qquad (4-21)$$

其中，f 是适应度，Q 是输入向量，W_1、W_2 是输入层到隐层、隐层到输出层的权重矩阵，$\bar{A}$ 是预期的输出，$\zeta(\ )$ 表示输入层的分线性函数变换。

（4）RBF 网络中隐层到输出层的权重，根据适应度函数的变异或者继承，进行及时的更新。

4.4.3　信号匹配研究

在不同的时间数据和长度数据中，不同的热力耦合数据也存在，根据光纤中的瑞利散射，外部条件对光纤的不同影响导致瑞利散射光的差异和相位差的差异，因为光信号是非常灵敏的，所以系统的噪声也比较大，在同一振动源中，由于噪声、时间、长度和热力耦合的不同，产生了不同的数据。这些信号虽然是不同的，但它们需要匹配的过程，在这一部分中，利用改进的 3D-SURF 算法进行三维数据匹配，模糊 C-均值（FCM）算法进行错误匹配点的筛选。

基于 SIFT 算子的良好性能，3D-SURF 算子可以处理 SIFT（尺度不变特征变换）计算复杂度高、耗时长的问题，它不仅提高了兴趣点的提取和特征向量的描述，而且提高了计算速度，SURF 方法主要分为五个步骤，构造 Hessian 矩阵，计算特征值，构造 Gauss Pyramid，确定特征点的主方向和定位特征点，构造特征描述符。传统的 SURF 方法只处理图像那样的 2D 数据，3D-SURF 是从 2D 数据到 3D 数据的改进的 SURF 方法，下面对 3D-SURF 算法进行简单介绍。

Hessian 矩阵被构建为 3D 模型，时间被记录为 x 轴，长度记录为 y 轴，热力耦合记录为 z 轴，Hassian 矩阵在公式（4-22）中示出。

$$H(f(x, y, z)) =$$

$$\left[\begin{array}{ccc|ccc|ccc}
\dfrac{\partial^3 f}{\partial x^3} & \dfrac{\partial^3 f}{\partial x^2 \partial y} & \dfrac{\partial^3 f}{\partial x^2 \partial z} & \dfrac{\partial^3 f}{\partial x^2 \partial y} & \dfrac{\partial^3 f}{\partial x \partial y^2} & \dfrac{\partial^3 f}{\partial x \partial y \partial z} & \dfrac{\partial^3 f}{\partial x^2 \partial z} & \dfrac{\partial^3 f}{\partial x \partial y \partial z} & \dfrac{\partial^3 f}{\partial x \partial z^2} \\[3mm]
\dfrac{\partial^3 f}{\partial x^2 \partial y} & \dfrac{\partial^3 f}{\partial x \partial y^2} & \dfrac{\partial^3 f}{\partial x \partial y \partial z} & \dfrac{\partial^3 f}{\partial x \partial y^2} & \dfrac{\partial^3 f}{\partial y^3} & \dfrac{\partial^3 f}{\partial y^2 \partial z} & \dfrac{\partial^3 f}{\partial x \partial y \partial z} & \dfrac{\partial^3 f}{\partial y^2 \partial z} & \dfrac{\partial^3 f}{\partial y \partial z^2} \\[3mm]
\dfrac{\partial^3 f}{\partial x^2 \partial z} & \dfrac{\partial^3 f}{\partial x \partial y \partial z} & \dfrac{\partial^3 f}{\partial x \partial z^2} & \dfrac{\partial^3 f}{\partial x \partial y \partial z} & \dfrac{\partial^3 f}{\partial y^2 \partial z} & \dfrac{\partial^3 f}{\partial y \partial z^2} & \dfrac{\partial^3 f}{\partial x \partial z^2} & \dfrac{\partial^3 f}{\partial y \partial z^2} & \dfrac{\partial^3 f}{\partial z^3}
\end{array}\right]$$

$$(4-22)$$

在构造 Hessian 矩阵之前，需要对图像进行高斯滤波，滤波的 Hessian 矩阵示于公式（4-23）中。其中图像像素 $I(x, y)$ 即为函数值 $f(x, y)$，$L(x, t) = G(t) \cdot I(x, t)$，$G(t)$ 为标准的高斯函数。

$$H(x, \sigma_1, \sigma_2, \sigma_3) = \left[\begin{array}{ccc|ccc|ccc}
L_{xxx} & L_{xxy} & L_{xxz} & L_{xxy} & L_{xyy} & L_{xyz} & L_{xxz} & L_{xyz} & L_{xzz} \\
L_{xxy} & L_{xyy} & L_{xyz} & L_{xyy} & L_{yyy} & L_{yyz} & L_{xyz} & L_{yyz} & L_{yzz} \\
L_{xxz} & L_{xyz} & L_{xzz} & L_{xyz} & L_{yyz} & L_{yzz} & L_{xzz} & L_{yzz} & L_{zzz}
\end{array}\right]$$

$$(4-23)$$

Hessian 矩阵的行列式在公式（4-24）中示出，为瑕疵点提供最大值计算判别值，它确定当前点是否比邻域中的其他点亮或暗，这是判别特征值位置的条件。

$$\det(H) = \sum_{i, j, k=1}^{3} \left[\, |H(i,:,:)| + |H(:,j,:)| + |H(:,:,k)| \, \right]$$

$$(4-24)$$

需要特别说明公式（4-25）中离散数据的推导公式，一阶导数是相邻点的振幅差，二阶导数是两个相邻的一阶导数之间的差值，三阶导数是两个相邻的二阶导数之间的差值。

$$Dx(x, y, z) = f(x+1, y, z) - f(x, y, z)$$
$$Dxx(x, y, z) = Dx(x+1, y, z) - Dx(x, y, z) \qquad (4-25)$$
$$Dxxx(x, y, z) = Dxx(x+1, y, z) - Dxx(x, y, z)$$

在传统的 SURF 中，高斯金字塔的构造是使用不同的盒子过滤器的模板。在图 4-8 中的 3D-SURF 中，Box 滤波器从二维扩展到三维。

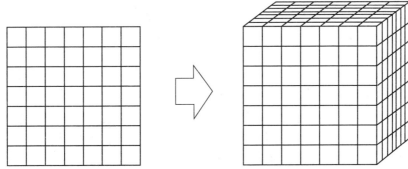

图 4-8　3D 盒子过滤器

在 3D-SURF 方法中存在不同尺度的箱式滤波器。它们的尺度为 5×5×5 到 21×21×21。它们的示意图如图 4-9 所示。

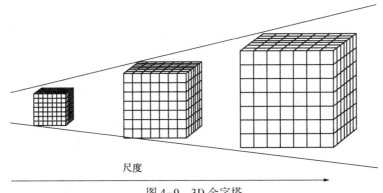

尺度

图 4-9　3D 金字塔

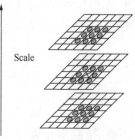

图 4-10　关键点示意图

所有数据点通过 Hessian 矩阵和 Gauss pyramid 处理，每个数据点与图 4-10 中的比例尺空间邻域中的 26 个点进行比较，在关键点位置的确定中，需要滤除弱能量和有误差的关键点，并保持稳定的关键点。

在 3D-SURF 中，在图 4-11 中对关键点的球邻域中的 HARR 特征进行计数。在特征点的球面邻域中，三维点上的所有 HARR 特征都在 60°金字塔的范围内进行计数。然后用 0.2 个弧度在 3D 方向上进行扫描。具有最大值的圆锥方向是关键点的主要方向。

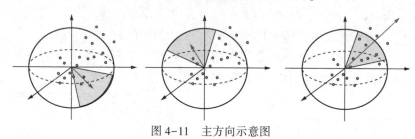

图 4-11　主方向示意图

在三维 SURF 算法中取出特征点周围的 4×4×4 的区域。区域的方向是沿着关键点的主要方向。三个子维度上的 25 个数据点的哈尔特征在每个子区域中计数。六个哈尔特征显示在等式(4-26)中。因此，在三维 SURF 方法中存在 4×4×4×6＝384 描述符。两个关键点之间的欧拉距离仍然决定了三维 Surf 中的匹配度。同时，他们的 Hessian 判别也需要确定正和负一致。

$$feature_{No.1} \rightarrow \sum dx, \quad feature_{No.2} \rightarrow \sum |dx|$$
$$feature_{No.3} \rightarrow \sum dy, \quad feature_{No.4} \rightarrow \sum |dy| \qquad (4-26)$$
$$feature_{No.5} \rightarrow \sum dz, \quad feature_{No.6} \rightarrow \sum |dz|$$

4.4.4　FCM 匹配点筛选

在传统的 SURF 方法中，对匹配点进行筛选，主要是阈值设置和采样一致性检测，机器学习中的无监督聚类可以分离正确和错误的数据，但是聚类是根据特定的标准将数据集划分为不同的类，满足同一集群中数据对象的相似性尽可能大，在不同的聚类中数据对象的相似性尽可能少的效果。四种聚类方法是目前学术界最为流行的聚类方法，它们是 k-均值、层次聚类、SOM（自组织映射）和 FCM（Fuzzy C-Means），在四种聚类算法中，k-均值和 FCM

从运行时间和精度两个方面都是比较好的方法。这两种方法都有固定的缺点，k-均值选择的初始点是不稳定的和随机的，这将导致聚类结果的不稳定性；FCM需要人工确定聚类的数量，很容易陷入局部最优解。在三维SURF方法中，匹配点的聚类计算只需要正确的聚类和误差聚类，所以模糊聚类法相对比较合适。

模糊聚类分析是一种用模糊数学进行聚类分析的方法，具体算法如下所述。

步骤1，两个匹配点之间的距离是指，所有描述符的欧几里得距离之和，数据矩阵是标准化的。

步骤2，建立模糊相似矩阵，并初始化隶属度矩阵。

步骤3，算法开始迭代，直到目标函数收敛到最小值。

步骤4，根据迭代的结果，通过最终隶属矩阵确定数据的类别。

4.5　实验验证

在第3章的实验环境的基础上，本章实验采用的布里渊光时域反射计是采用NBX-7020设备，在实验中，人为地产生不同的温度和应力。当光纤两端被固定后，张力的大小决定纤维上的应变值。为了保证温度和应变满足实验要求，用布里渊光时域反射仪(BOTDR)测量光纤的温度和应变。

4.5.1　不同温度和应变下长轴的感测距离

在瀑布图中显示了信号的效果，X轴是长度，Y轴是瀑布图中的时间，一个振动源导致瀑布图中的亮条带，相同的振动源在相同的条件下导致相同的亮条带。然而，较冷的环境和较大的应变导致在相同的振动源下的信号的作用域是不相同的，在相同的振动源下，较热的环境和较小的应变导致较薄的条带，在四个瀑布图中显示了四种不同条件下不同的振源和相同的振源，它们显示在图4-12中。

不同温度和不同应变条件下采集了信号的信噪比范围，数据点如图4-13所示，离散数据点被拟合到曲线中，曲线上的值是期望的输出，每个点的残差也如图4-13所示。

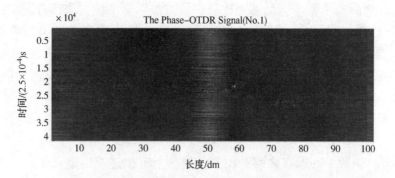

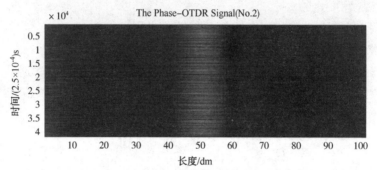

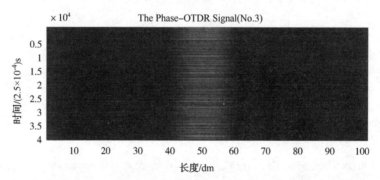

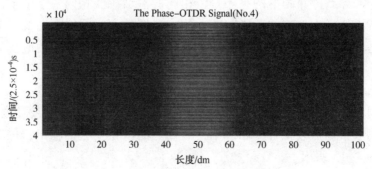

图 4-12　不同应力温度下的信号瀑布图

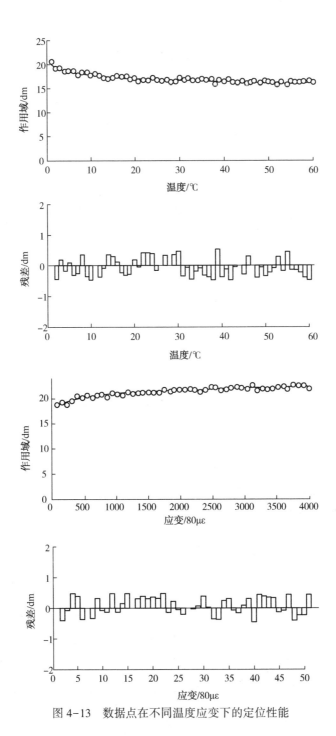

图 4-13　数据点在不同温度应变下的定位性能

在图 4-14 中，提升定位精度的记为有效，有效点被记录为黑色，无效点被记录为白色。本书的热力解耦方法的有效率为 99.233%。

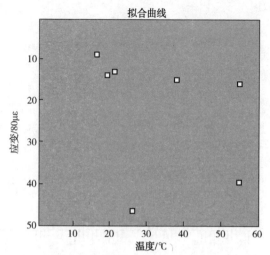

图4-14 本书方法在不同温度应变下的有效性

4.5.2 不同温度和应变下振源点的位置

在上文中介绍了公式(4-18)中的六种反馈，他们在四个空间里也有1000组实验数据，在1000次实验中，信号分离方法是Kalman-PID方法。结果如图4-15所示。

这些反馈具有不同的性能，公式(4-18)中的第一和第二反馈在六个反馈中具有最佳的定位精度性能，第一和第二反馈的平均误差为0.35~0.4cm。六种反馈的波动范围是相似的，为了进一步提高精度，组合第一和第二反馈，第一反馈是线性性能，第二反馈是非线性性能。组合反馈考虑了线性和非线性两种特性，Kalman PID法是分离信号的方法，进行1000次实验。结果如图4-16所示。

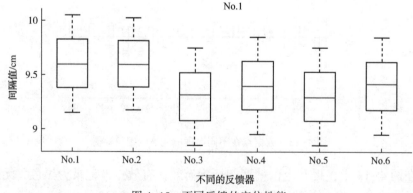

图4-15 不同反馈的定位性能

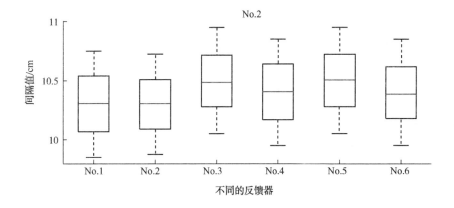

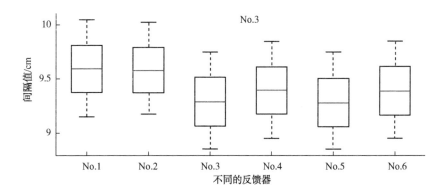

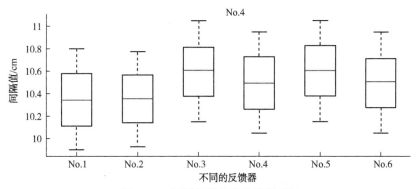

图 4-15　不同反馈的定位性能(续)

在图 4-16 中，四种反馈具有不同的性能，组合反馈的平均误差为 0.2 ~ 0.4cm，组合反馈的波动范围为 -0.4 ~ 0.4cm。组合反馈比线性反馈和非线性反馈具有更好的性能。

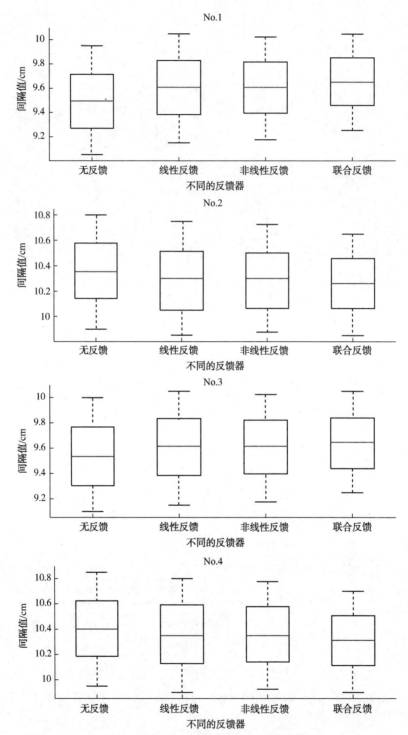

图 4-16　线性、非线性和组合反馈的定位性能

4.5.3 热力耦合的优点

在 Φ-OTDR 技术中，温度和应变的影响不是用简单的线性反馈和非线性反馈来描述的。在 1000 组实验中，预期输出为 10cm、10cm、10cm 和 10cm。将 700 组实验随机选取为训练样本，其余 300 组为实验样本。根据训练数据对 RBF 方法和 GA-RBF 方法进行训练。测试样本的结果如图 4-17 所示。

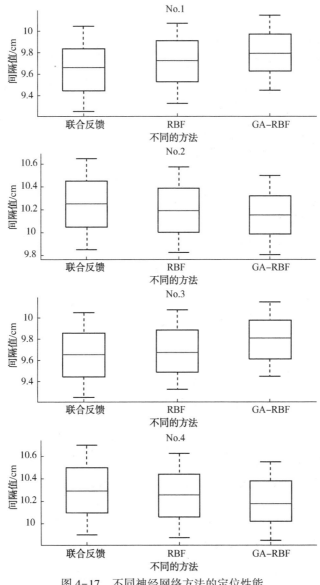

图 4-17　不同神经网络方法的定位性能

在图 4-17 中，GA-RBF 方法和 RBF 方法都具有比组合反馈更好的性能。GA-RBF 方法的平均误差约为 0.2cm，GA-RBF 方法的波动范围为 -0.3 ~ 0.3cm。GA-RBF 方法比 RBF 方法具有更好的性能。同时也可以证明 GA-RBF 方法和 RBF 方法对于热力耦合是有用的。

为了进一步验证算法的有效性，分别在 60 个不同的温度和 50 个不同的应力下进行了不同的实验，RBF 或 GA-RBF 的性能优于组合反馈的性能。结果如图 4-18 所示。

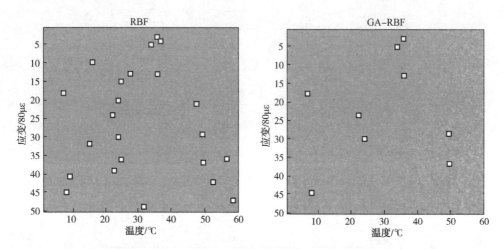

图 4-18　不同温度应变下改进网络方法的有效性

在图 4-18 中，有效点被记录为黑色，无效点被记录为白色。RBF 法的有效率为 99.233%，GA-RBF 法的有效率为 99.7%。结果表明，人工神经网络方法对热力耦合是有效的，GA-RBF 方法比 RBF 方法具有更好的性能，GA 方法对 RBF 网络的优化是有效的。

4.5.4　3D-SURF 方法的结果

在 Kalman PID 和热力耦合的基础上，信号匹配是未来提高精度的必要条件。信号匹配后，再次进行 1000 组实验。信号匹配方法有 SURF 法和三维 SURF 法。三种方法的结果如图 4-19 所示。

在图 4-19 中，3D-SURF 方法和 SURF 方法都比无匹配特征方法具有更好的性能，三维 SURF 方法的平均误差约为 0.1cm，三维 SURF 方法的波动范围为 -0.25 ~ 0.25cm，3D-SURF 方法比 SURF 方法具有更好的性能。同时也说明了，3D-SURF 方法和 SURF 方法有利于特征匹配。

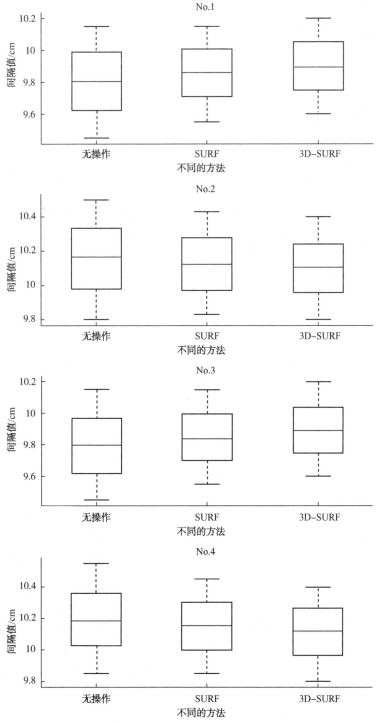

图 4-19　不同数据匹配方法的定位性能

为了验证算法的有效性，分别在 60 种温度和 50 种应变下进行了不同的实验。SURF 或 3D SURF 的性能优于无特征匹配的性能。结果如图 4-20 所示。

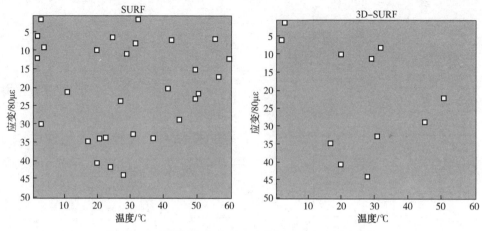

图 4-20 不同温度应变下改进数据匹配方法的有效性

在图 4-20 中，有效点被记录为黑色，无效点被记录为白色，SURF 法的有效率为 99.0%，三维 Surf 法的有效率为 99.63%。结果表明，SURF 方法和 3D-SURF 方法对特征匹配是有效的，3D-SURF 方法比 SURF 方法具有更好的性能，3D-SURF 的改进是有效的。

4.6 振场反演效果展示

相同振源不同热力耦合下的振场反演效果，如图 4-21 所示，图中是 Φ-OTDR 振动信号在光纤的某个固定长度点上，以及某个固定时间上的振动信号反演图。

在图中，左边三张图表示相同振源在不同温度下振动场的反演效果图，右边三张表示相同振源在不同应力下振动场的反演效果图。从图中可以看出，热力耦合的不同，直接影响着振动数据的强弱，因此会对振动信号的作用域产生影响，从而进一步影响振源点位置。同种振源的情况下，温度越冷振动数据越强且清晰，温度越高振动数据会随之变弱；应变越大振动数据越强且清晰，应变越小数据会随之变弱。

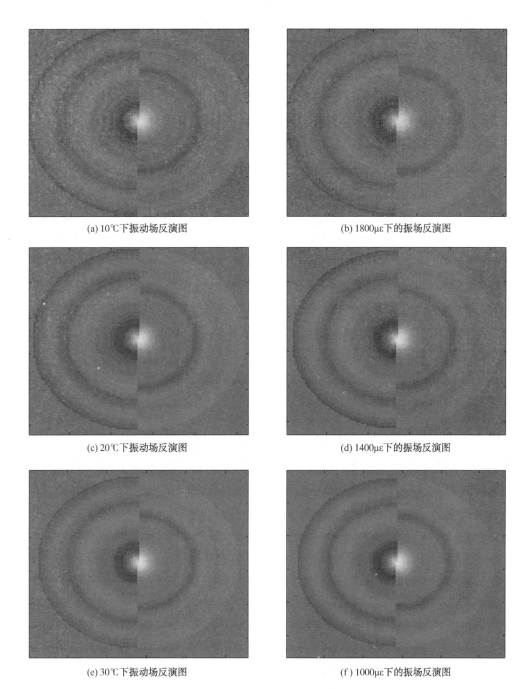

(a) 10℃下振动场反演图　　　　　　　　(b) 1800με下的振场反演图

(c) 20℃下振动场反演图　　　　　　　　(d) 1400με下的振场反演图

(e) 30℃下振动场反演图　　　　　　　　(f) 1000με下的振场反演图

图 4-21　不同温度应变下的振场反演效果图

上述图 4-21 中，具体的振动数据见表 4-4 和表 4-5。

表 4-4 三种温度下振场反演数据

多维要素	10℃	20℃	30℃
振动模型	正弦函数	正弦函数	正弦函数
固有频率/Hz	0~200	0~200	0~200
阻尼比(左)	4.95×10^{-2}	5.24×10^{-2}	5.55×10^{-2}
阻尼比(右)	4.76×10^{-2}	5.04×10^{-2}	5.33×10^{-2}
信噪比/dB	6.85	7.60	8.30
时空差	$\begin{bmatrix} 1.02 & 0 & 0.02 \\ 0 & 1 & 0.01 \\ 0 & -0.02 & 0.96 \end{bmatrix}$	$\begin{bmatrix} 0.99 & 0 & -0.02 \\ 0 & 0.99 & 0 \\ 0.01 & 0.01 & 1.05 \end{bmatrix}$	$\begin{bmatrix} 1.01 & 0.01 & 0.02 \\ 0 & 0.99 & -0.02 \\ 0 & -0.01 & 0.99 \end{bmatrix}$
作用域(左)/dm	9	8	8
作用域(右)/dm	9	8	8
振源点/m	5.1	5.1	5.1

表 4-5 三种应变下振场反演数据

多维要素	1800$\mu\varepsilon$	1400$\mu\varepsilon$	1000$\mu\varepsilon$
振动模型	正弦函数	正弦函数	正弦函数
固有频率/Hz	0~200	0~200	0~200
阻尼比(左)	5.16×10^{-2}	5.31×10^{-2}	5.55×10^{-2}
阻尼比(右)	4.97×10^{-2}	5.11×10^{-2}	5.33×10^{-2}
信噪比/dB	9.10	8.79	8.30
时空差	$\begin{bmatrix} 1.01 & 0 & 0.02 \\ 0 & 0.97 & 0.03 \\ 0 & 0.01 & 0.99 \end{bmatrix}$	$\begin{bmatrix} 0.99 & 0.02 & 0 \\ 0 & 1.02 & -0.01 \\ 0.01 & 0 & 0.99 \end{bmatrix}$	$\begin{bmatrix} 1.01 & -0.01 & 0.02 \\ 0 & 0.99 & -0.02 \\ 0.01 & 0.01 & 0.99 \end{bmatrix}$
作用域(左)/dm	9	8	8
作用域(右)/dm	9	8	8
振源点/m	5.1	5.1	5.1

从图 4-21、表 4-4、表 4-5，可以看出如下几个方面：

(1)不同的热力耦合情况下振场反演图是不同的。

(2)因为是同一个信号，所以振动的趋势是一致的。

(3)振动数据的幅值是随着热力耦合效果的不同而变化的。

4.7　本章小结

　　本章提出了一种振场反演中关键要素的热力解耦方法，解决了光纤不同的热力耦对 Φ-OTDR 技术的振场反演关键要素带来影响的问题。在 Φ-OTDR 技术中，根据第 2 章提取出振场反演中的作用域和振源点两个关键要素，为了可以兼容光纤上不同的预应力、预温度，对这两个关键指标进行更好的热力解耦计算。因此本章提出了一种热力解耦方法，融合了 BOTDR 技术采集光纤的预应力、预温度，根据得到的预应力和预温度的变化以及测出的热力耦合的数值，采用 GA-RBF 方法对预温度、预应力和热力耦合数据进行黑箱训练，得到热力耦合反馈模型后，采用 3D-SURF 方法对时间、长度、热力耦合三维数据进行数据匹配，最终达到更好的热力解耦的效果。

5 Φ-OTDR膨胀数据的压缩感知

5.1 引言

随着 Φ-OTDR 技术的发展，它的分布式优点逐渐突出，分布式优点表现为：监测的距离越来越长，监测的空间分辨率越来越小，监测的精度越来越高，监测时间越来越长。但与此同时会带来监测数据量膨胀的问题，数据量膨胀不仅会导致存储空间不够，还会严重影响数据分析处理的效率。因此本书针对庞大的分布式振动数据进行研究，采用了图像式的处理方式，对信号进行了图像式存储，同时通过对图像进行混合特征提取的方式对振源定位进行分析，验证压缩感知后的特征保留问题，用全新的方法对 Φ-OTDR 信号进行存储和分析。

本书的工作主要分为"存储"和"分析"两大部分，第一部分的研究是将 Φ-OTDR信号转换成简单的信号进行处理，然后转换成图像形式进行存储；第二部分是对第一部分存储好的图像，采用图像式混合特征提取方法进行分析，最后达到验证 Φ-OTDR 振动信号特征是否保留的目的。针对第一部分的研究，Han S 等人采用 ARMA 和 SDT 相结合的方法，在保留了特征性的基础上，对振动信号进行压缩处理[167]。Malovic M 等人采用时延估计(TDE)是应用于差分脉冲编码调制(DPCM)结合作为预处理器的熵编码，对非周期不同类型的信号进行编码处理，达到了对振动信号压缩处理的效果[168]。Huang Q 等人提出了一种基于分块压缩策略的无损压缩方案，该方案将有损压缩与无损压缩相结合，提高了压缩性能[169]。Guo W 等人采用的振动信号压缩方法是基于集合经验模式分解(EEMD)而进行的，这种方法是可以分解出振动信号在不同频带的信号成分的一种有效方法，也称为固有模态函数(IMF)法[170]。上述对于振动信号的压缩方法，几乎都是要对振动信号进行分析计算后，才能得到的压缩策略，但是这样的情况会耗费大量的运算内存，且压缩策略也并不一定可以满足所有的异常情况。Φ-OTDR 技术采集回来的分布式振动信号拥有时间和长度两维信息，本书针对此特点，充分借鉴二维信号处理技巧，在对信号进行简单的预处理后，直接把信号转换成图像进行保存。

在第二部分中，最主要的是图像的目标提取问题，目前在图像目标识别方面的方法，主要可以分为五大类：颜色特征提取、纹理特征提取、形状特征提取、自动提取特征及空间特征提取。由于图片是由信号生成的灰度图片，不存在颜色和空间信息，因此颜色特征和空间特征并不适用，且随着人们对图像处理研究越发深入，发现对于图像的单一特征提取很难满足工程的需要，因此现在很多学者更加关注混合特征提取的方式对图像进行处理。Yang Y 等人利用混合旋转不变的描述（mrid）和跳跃搜索方法，达到对图像目标进行高速跟踪的目的[171]。Xia J 等人利用颜色和边缘特征分布，建立混合模型来搜索下一帧图像中的匹配目标[172]。Xiao C 等人着重抓住了目标的有效的区域和多尺度边缘指示器，结合两种特征对图像进行分析处理[173]。任楠等人综合考虑了运动目标的轮廓特征和细节特征，提出了一种基于混合特征的运动目标跟踪方法——SoH-DLT，获得了良好的跟踪效果[174]。在上述对图像的混合特征提取中，没有同时考虑纹理特征、形状特征和自提取特征这三类因素，而对于分布式振动信号生成的图片，并没有复杂背景、光照变换等这些在图片中常见的因素，因此用三类特征要素组成混合特征，可以更好达到信号特征保留的效果。本书利用轮廓特征和自提取特征相结合的方式进行目标识别，同时用 SURF 算法对原图像的每个像素点进行权重改变，使特征点权重更大，识别效果更为明显，结合后的三种特征方法同时嵌入粒子滤波器中，很好地识别追踪了不同振源产生的分布式振动信号的不同，验证了特征保留效果。

本章主要分为图像式压缩感知的存储和图像式压缩感知的分析两部分。首先，通过 Φ-OTDR 采集不同振源条件下的光纤信号数据，对信号进行简单的预处理后，将被采集的光纤信号进行图像方式的储存和显示，可以大大地降低存储信号的内存大小；其次，通过提取图像中目标的混合特征，达到对"振源点"目标追踪的效果，本书的混合特征是纹理特征、形状特征和自提取特征这三类特征的结合，符合信号生成图片的实际情况。最后通过实验，验证了本书方法的有效性，为 Φ-OTDR 技术的发展提供了一条有别于传统信号处理的新思路。技术路线图如图 5-1 所示。

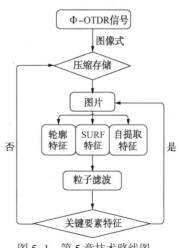

图 5-1　第 5 章技术路线图

5.2 Φ-OTDR 信号的图像式压缩存储

在实际工程中，Φ-OTDR 技术监测振动信号的数据量是非常大的。例如：NBX-S3000 分布式振动监测设备，以 4K 采样率、0.1m 空间分辨率、10m 量程为例，数据存储格式为双精度浮点数格式，每秒产生的数据量约为 3.2M，1 天 24 小时的数据量为 270G。

在把 Φ-OTDR 信号生成图片前，需要对图片进行一下预处理的过程，具体步骤如下：

（1）在采集 Φ-OTDR 信号的过程中，因为采集卡的特性，信号会出现一个缓慢的、幅度很低的正弦波，因此先对信号添加一个高通滤波器，滤波器阈值以 1Hz 为宜。

（2）对步骤一处理后的信号，作滑窗滤波处理，抑制噪声的同时，有效地平滑了可能存在的错误点，滑窗滤波器的窗口值一般取 10 为宜。

（3）对信号进行指数放大，放大后的信号拥有更加良好的信噪比。

把预处理好的信号，进行图像式的存储，达到压缩存储空间的目的，具体步骤如下：

（1）先把分布式振动信号人为地切割成一秒一秒的连续信号。

（2）以时间作为横轴，以长度作为纵轴，对信号的幅度进行归一化处理，对应 0~1 的灰度值。

（3）生成的图片，横轴的像素点数（$Pixel_x$）是每秒的采样点数，也就是采样率（Fs），如公式（5-1）所示。这里需要说明几点，大型结构建筑的固有频率是 0~60Hz，根据奈奎斯特采样定律，采样率最少也要达到 120Hz，而水泥混凝土结构的冲击信号的频率范围集中在几百到一千多赫兹，因此采样频率在 1~4K 左右为宜。

$$Pixel_x = Fs \qquad (5-1)$$

（4）生成的图片，纵轴的像素点数（$Pixel_y$）是长度（L）和空间采样率（R）的比值。如公式（5-2）所示。

$$Pixel_y = \frac{L}{R} \qquad (5-2)$$

（5）把图像保存成 .jpg 或 .bmp 格式。

5.3 压缩感知后振源点特征验证

通过对振动信号生成的图像，进行追踪的振源点在图像上的变化，对其图像上的目标进行混合特征提取，验证压缩感知后的关键要素特征保留效果，主要分三个方面的特征提取工作。第一，目标的轮廓特征；第二，目标的自提取特征；第三，目标的纹理特征。本书的工作主要分为两个步骤，第一步骤是采用给粒子滤波的方式进行目标追踪，本书结合了轮廓特征和自提取特征，为粒子滤波提供了置信度值作为参考，轮廓特征主要是采用方向直方图，而自提取特征是采用 GoogLeNet 深度网络；第二步骤是采用 SURF 匹配的算法，为图像中的"特征"突出的像素点提供更大的权重，使更新后的图片拥有更加良好的特征提取效果。图 5-2 是算法的整个流程图。

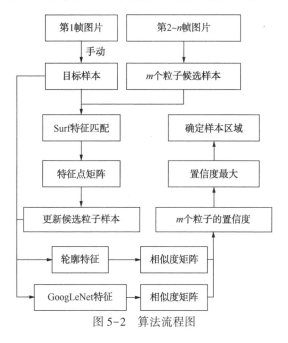

图 5-2 算法流程图

算法的具体实现步骤如下：

步骤一：对第 1 帧图片记作 f_1 进行采样，手动得到目标模板和背景模板，对目标模板进行自特征提取、SURF 特征提取和轮廓特征提取。

步骤二：对于第 $i(i=2,3,\cdots,n)$ 帧图片记作 f_n：

a. 随机生成粒子分布，进行粒子采样处理，最终获得采样后的样本集；

b. 提取 f_i 在 f_{i-1} 目标位置的 SURF 特征点集 S_i，经过匹配得到 SURF 特征点映射矩阵 W_{is}，原图的灰度值乘以 0.7 加上特征点位置上 0.3 的灰度，得到更新样本。

c. 分别计算每个候选样本与目标模板的轮廓特征和自提取特征的相似度 ρ_i；

d. 获得每个粒子置信度，置信度最大的粒子即为 f_i 的目标位置。

步骤三：如果满足更新条件，重新采样目标与背景模板训练；如果不满足条件，则 $i = i+1$，返回执行步骤二。

5.3.1　目标轮廓特征提取

对于用信号生成的图像，引入方向直方图[175-176]来描述图像样本的轮廓信息，提取轮廓特征，计算当前样本与目标样本的匹配相似度，生成目标函数，目标函数会被当作重要参考指标。$\{\delta_{ij}\}_{i \in [1, a], j \in [1, b]}$ 表示各像素点的梯度方向角，其中 $a \times b$ 指的是图像大小，i 和 j 指的是梯度方向，如公式（5-3）所示。

$$\Phi_{ij} = \arctan\left(\frac{\partial(gray_{ij})}{\partial x} \Big/ \frac{\partial(gray_{ij})}{\partial y}\right) \tag{5-3}$$

其中：$gray_{ij}$ 为 (i, j) 像素的灰度值，$\partial(gray_{ij})/\partial y$ 为 $gray_{ij}$ 在 y 方向的梯度，$\partial(gray_{ij})/\partial x$ 为 $gray_{ij}$ 在 x 方向的梯度。

公式（5-4）表示的是灰度直方图中的梯度角在不同的角度区域的表示。

$$H_k = \Phi_{ij}/\Delta\Phi \tag{5-4}$$

其中：$\{H_k\}$，$k \in [1, n]$ 为各区间，$\Delta\Phi$ 为区间间距。方向直方图实际的意义为 H_k 即为统计各个方向的编码在图像中出现的概率。

根据上述的区间分配，对图像的直方图采用加权处理的方式，如果加权后的直方图出现在第 k 个区间，它的出现概率被记作 p_k，如公式（5-5）所示。

$$p_k(y) = H_h \sum_{i=1}^{n_h} k\left(\left\| \frac{y - x_i}{h} \right\|\right) \delta[b(x_i) - k] \tag{5-5}$$

其中：y 为样本的中心，$\{x_i\}$，$i \in [1, n_h]$ 为样本中各像素的位置；$k(x)$ 为核函数，h 为核函数窗口宽度；$b(x_i)$ 为 x_i 像素在方向编码维度上的索引映射，δ 一般是狄拉克 δ 函数的表示。用 $\rho(y)$ 表示相似度，用巴氏系数表示，如公式（5-6）所示。

$$\rho(y) = \sum_{k=1}^{n} \sqrt{p_k(y)p_k(y_0)} \tag{5-6}$$

其中 $p(y)$ 和 $p(y_0)$ 分别为候选样本和目标模板的方向直方图。

5.3.2 基于深度学习的特征提取

深度学习可以进行图像特征的自提取工作，深度学习的种类繁多，本书采用 GoogLeNet 对图像特征进行自提取，GoogLeNet 是 google 设计的一种深度卷积神经网络模型[177]，GoogLeNet 的网络结构图如图 5-3 所示，网络的深度可至 22 层，同时网络采取了稀疏学习的思想，通过稀疏网络的参数来加大网络规模。

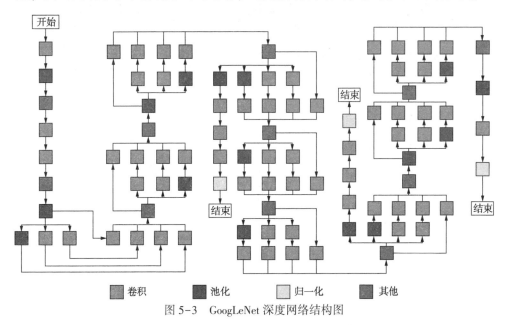

图 5-3　GoogLeNet 深度网络结构图

根据图 5-3 的深度学习网络规则，把图片代入其中进行训练，从图 5-3 可以看出，GoogLeNet 网络摒弃了全连接层。

本书采用 GoogLeNet 网络对图片上的目标样本进行特征自提取，并把自提取特征和轮廓特征一起对目标样本进行置信度分析。

5.3.3 基于 SURF 的特征提取

SURF 是一种简单且快速的提取特征点和描述特征向量的算法[178-179]。一般来说，SURF 包括五个步骤：构造 Hessian 矩阵，计算特征值，构造高斯金字塔，确定特征点的主方向和特征点的定位，以及构造特征描述符。

盒滤波器在这些步骤中扮演着重要的角色：它可以简化和近似 Hessian 矩阵，使得分割二阶高斯模板成为可能。利用三个值(即 1-白色、0-灰色和 -1-黑色)，传统的盒式滤波器将白色和浅白色区域近似为白色区域，将黑色和浅黑色区域近似为黑色区域。以这种方式，速度增加，但精度不被保留。

这产生了改进的箱式滤波器，其具有五个值：1、0.5、0、0.5和1。改进的箱式滤波器(图5-4)确保区域大小在SURF中一致地增加。

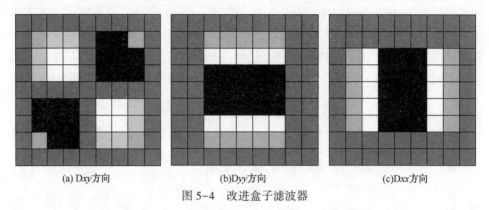

(a) Dxy方向　　　　　　(b)Dyy方向　　　　　　(c)Dxx方向

图5-4　改进盒子滤波器

对每1帧图片的目标样本提取其SURF[174,177]特征点集，然后建立一个新的矩阵，该矩阵的尺寸和原图一样，在矩阵中把SURF特征点位置的像素点标成黑色，把其余非特征位置的像素点标成白色，以这种方式用对原图片进行更新，当某一像素点为SURF特征点时，将该点权重设为0.3；反之，则设为0。原图片的权重一律取0.7进行处理。如公式(5-7)所示。

$$\dot{M}_{\text{Image}} = 0.7 \cdot M_{\text{Image}} + 0.3 \cdot M_{\text{Surf}} \tag{5-7}$$

其中：$\dot{M}_{\text{Image}}$为更新后图片的灰度矩阵，M_{Image}为原图的灰度矩阵，M_{Surf}为SURF特征点黑色矩阵。

5.3.4　粒子滤波跟踪算法

在粒子滤波器中，都是可以表示为一个6维的向量，这个向量是由放射参数构成，表示为公式(5-8)所示。

$$M = \begin{bmatrix} x & y & s_{\text{c}} & r_{\text{o}} & r_{\text{a}} & s_{\text{a}} \end{bmatrix} \tag{5-8}$$

其中：y和x分别对应粒子样本中心点的纵坐标和横坐标，s_{c}为粒子样本宽度与采样片宽度的比值，r_{o}为粒子样本的旋转角度，r_{a}为粒子样本高与宽的比值，s_{a}为跟踪窗口的倾斜程度。

需要指出的是，粒子滤波方法中，目标函数需要进行归一化处理，这样可以保证所有粒子的权重之和为1且收敛。初始权重会被平均分配，如果有n个粒子样本，则每个粒子样本的权重都设为$1/n$。本书用$\{s_{t-1}^i\}_{i \in [1,n]}$表示$n$个粒子在$t-1$时刻的状态，用$\{w_{t-1}^i\}_{i \in [1,n]}$则表示权重矩阵。首先，对权重矩阵$\{w_{t-1}^i\}_{i \in [1,n]}$进行归一化处理，得到概率矩阵$\{C_{t-1}^i\}_{i \in [1,n]}$为公式(5-9)所示。

$$C_{t-1}^i = \sum_{k=1}^i w_{t-1}^k / \sum_{k=1}^n w_{t-1}^k \qquad (5-9)$$

随机生成 n 个在 $[0, 1]$ 之间均匀分布的随机变量集合 $\{r^i\}_{i \in [1,n]}$ 对 r^i，搜索 $\{C_{t-1}^i\}_{i \in [1,n]}$ 获得含有 n 个最小索引的集合 $\{Idx_{t-1}^i\}_{i \in [1,n]}$，使得 $\{C_{t-1}^{Idxi}\}_{i \in [1,n]} \geqslant 1$。将 s_{t-1}^i 替换为 s_{t-1}^{Idxi}，完成重采样过程。粒子状态集合为公式(5-10)，它表示了粒子状态的变化。

$$s_t = A \cdot s_{t-1} + v_{t-1} \qquad (5-10)$$

其中：A 为状态转移矩阵，v_{t-1} 为多元高斯随机变量，在此即为根据仿射变换参数生成的随机变量。每个粒子的置信度为公式(5-11)所示。

$$E(y) = \rho(y)w(y) \qquad (5-11)$$

其中：$\rho(y)$ 参数见公式(5-6)，$w(y)$ 为权重矩阵。

5.4　实验验证

5.4.1　图像式信号存储

对 Φ-OTDR 采集的分布式振动信号进行图像化处理，每一秒得到的图像如图5-5所示。

(a)原始信号转换成图像

(b)经过滤波器后的信号转换成图像

图5-5　各个步骤下信号转换成的图像

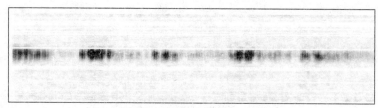

(c)经过信号增强后的信号转换成图像

图5-5　各个步骤下信号转换成的图像(续)

从图5-5中可以看出,有如下情况:

(1)在图中,可以明显看出未经处理的信号转换成图像,信号不太明显。

(2)在图中,经过本书滤波方法生成的图像,信号较为清晰,噪声几乎成为白色背景。

(3)在图中,信号增强后的信号转换成图像,信号清晰且特征明显。

在实验中,关于信号的滤波方法有很多种,本书在实验中经过多次尝试,采取的滤波方法与其他主流滤波方法的信噪比和效率方面都是最好的,对比结果如表5-1所示。

表5-1　多种滤波方法间的比较

序号	方法名称	平均信噪比/dB	耗时/s	序号	方法名称	平均信噪比/dB	耗时/s
1	本书方法	5.0422	6.78	4	自适应滤波	4.4517	14.31
2	维纳滤波	4.6231	12.71	5	小波滤波	4.9951	16.14
3	卡尔曼滤波	4.8672	11.18				

从表5-1可以看出,本书的滤波方法是五种滤波方法中,信噪比最好且运行效率最高的方法,尤其在运行效率方面和其他滤波方法不在一个数量级上,比最快的卡尔曼滤波还要省时45.0%左右。

针对信号转换成图像保存,在硬盘方面节省的空间,本书进行了多组对比,对比结果见表5-2所示。

表5-2　不同格式的数据文件的内存大小比较

序号	数据格式	数据时长/s	文件个数	单个文件大小/MB	总大小/MB	rar压缩/MB
1	.mat	10	1	604	604	312
2	.csv	10	1	451	451	229
3	二进制	10	1	367	367	190
4	.jpg	10	20	0.0166	0.352	189

从表5-2可以看出,采用图片的格式,保存数据可以大幅地降低内存大

小，图片文件比二进制文件的内存空间，要缩小 1000 倍左右，这对于因为 Φ-OTDR 技术而产生的海量数据拥有良好的效果，在实际工程使用上具有决定性的意义。

同时需要指出的是，Φ-OTDR 设备（型号：NBX-S3000）产生的数据是二进制数据，以 Intel-COREi7 处理器，8G 内存的个人 PC 机配置环境，采用 matlab 软件，以单个文件（10s/367MB）保存成 .mat、.csv、.jpg 三种类型的文件，需要花费时间为 12.6s、11.4s、13.5s，可以看出在存储时间上的时间效率略慢，比存储成 .mat 慢 7.1%，比存储成 .csv 慢 18.4%，但是这种时间成本的损失几乎可以忽略不计。

5.4.2 图像式特征提取

5.4.2.1 目标追踪的效果分析

以振动点和作用域的图像为对象，通过 SURF 提取特征（图 5-6），具体情况如下。

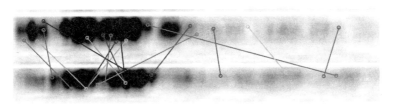

图 5-6　SURF 特征点匹配图

在 SURF 提取后，共获得 4096 个载体：

• Vector1（4096）=［0.0，0.0，0.0，0.0，0.0，0.0，0.0，0.0，0.0，2.453，0.0，5.042，0.0，1.899，……，0.0，0.0，0.0，0.6，2.869，0.0，0.0，0.0，0.0，0.0，0.0］。

• Vector2（4096）=［0.0，0.0，0.0，0.0，0.0，0.0，0.0，0.0，0.0，1.485，0.0，0.941，4.506，2.171，……，0.0，0.0，0.0，0.57，2.997，0.0，0.0，0.0，0.0，0.0，0.0］。

本书采用 2 个客观指标来定量评价跟踪效果，即中心点误差和成功率。中心点误差是在某一帧用跟踪方法跟踪到的目标框中心点与该帧真实目标框的中心点之间的欧式距离，平均中心点误差则是一个视频序列每一帧的中心点误差之和除以其总帧数；对于某一帧，如果用跟踪方法跟踪到的目标框与真实目标框的重叠率大于 50.0%，则认为该帧是成功跟踪的，成功率则是一个视频序列中成功跟踪到的帧数占总帧数的比例。表 5-3 是本书改进的方法与传统方法在目标跟踪上的对比情况。

表 5-3　平均中心点误差(像素点/pixel)和成功率(%)对比
(与传统方法相比)

序号	名称	敲击锤 No. 1		敲击锤 No. 2		敲击锤 No. 3		敲击锤 No. 4		敲击锤 No. 5	
		误差/pixel	成功率/%	误差/pixel	成功率/%	误差/pixel	成功率/%	误差/pixel	成功率/%	误差/pixel	成功率/%
1	GoogLeNet	5.3	90.1	4.3	90.6	5.1	89.9	5.8	91.1	5.0	90.4
2	SURF	6.7	89.7	6.9	89.9	6.3	89.1	6.1	90.4	5.1	90.8
3	目标轮廓	7.4	89.3	7.8	88.1	7.2	87.2	8.9	88.9	7.9	89.1
4	Multiply-features	4.5	91.1	4.1	92.3	4.7	90.7	4.9	93.6	3.9	91.5

从表 5-3 可以看出本书的混合特征提取方法，比传统的纹理特征、轮廓特征和自提取特征都具有更加良好的效果。在中心点误差方面，混合特征的效果比目标轮廓提高了 8.0% 左右，比纹理特征平均提高了 7.0% 左右，比自提取特征平均提高了 4.0% 左右。在成功率方面，混合特征的效果比目标轮廓提高了 1.7% 左右，比纹理特征平均提高了 1.4% 左右，比自提取特征平均提高了 1.0% 左右。

在本书的混合特征提取中，其中有一个很重要的因素是 SURF 检测出来的瑕疵点对原图片的修改，因此对于修改的权重，进行多次的实验，得到的结果如图 5-7 所示。

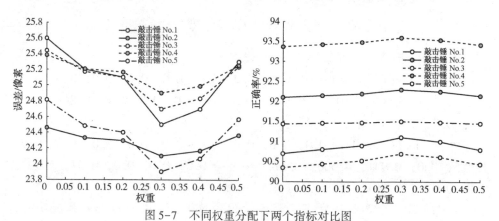

图 5-7　不同权重分配下两个指标对比图

从图 5-7 可以看出，本书的方法对匹配成功率的影响较小，但是对改善振源点的误差具有更加良好的效果，且通过实验证明瑕疵点和原图的比例为 3∶7，是最佳比例。

5.4.2.2　图像式处理的振源定位效果分析

对比图像式处理方法，与其他传统的信号处理方式 FFT、HHT、WT，间隔对比见表 5-4。

表 5-4 不同方法间的振源定位效果比较   cm

序号	名称	间隔 No.1	间隔 No.2	间隔 No.3	间隔 No.4
1	本书方法	10.53	10.41	10.84	9.41
2	FFT	10.48	10.39	10.81	9.48
3	HHT	10.45	10.35	10.74	9.51
4	WT	10.46	10.37	10.78	9.52

从表 5-4 中可以看出，图像式搜索作用域和振源点的方式已经基本持平，定位精度误差较小，定位误差比传统方法下降了 1.8% 左右，传统的定位误差在 5.0% 左右，而本书的定位误差在 5.1% 左右，说明本书的方法的可行性，0.1% 的定位误差减弱，在工程上可以忽略不计，对定位几乎不受影响。

5.4.2.3 不同的图像混合特征提取方法中的追踪效果

同样是根据中心点误差和成功率，对比比较流行的图像混合特征提取方法，结果见表 5-5，基于图像的混合特征提取方法有很多种，比如：无检测跟踪（Detection Free Tracking，DFT）、增量视觉跟踪（Incremental Visual Tracking，IVT）、压缩跟踪（Compression Tracking，CT）、深度学习跟踪（Deep Learning Tracking，DLT）等。

表 5-5 平均中心点误差（像素点/pixel）和成功率（%）对比
（与图像混合特征提取方法相比）

序号	名称	敲击锤 No.1		敲击锤 No.2		敲击锤 No.3		敲击锤 No.4		敲击锤 No.5	
		误差/pixel	成功率/%	误差/pixel	成功率/%	误差/pixel	成功率/%	误差/pixel	成功率/%	误差/pixel	成功率/%
1	DFT	14.1	88.1	12.3	87.6	15.1	89.9	13.8	87.1	12.0	89.4
2	IVT	5.7	89.1	6.9	89.5	6.3	89.1	5.9	90.4	5.1	89.5
3	CT	4.9	89.2	4.9	89.1	5.1	89.2	5.7	92.2	4.9	89.8
4	DLT	4.7	89.6	4.8	90.8	5.2	89.7	5.3	92.9	4.4	90.7
5	Mixed-features	4.5	91.1	4.1	92.3	4.7	90.7	4.9	93.6	3.9	91.5

从表 5-5 可以看出，本书的混合特征提取方法比其他的混合特征提取方法都具有良好的效果。在中心点误差方面，本书方法比 DFT 提高了 58.2% 左右，比 IVT 提高了 17.3% 左右，比 CT 提高了 7.1% 左右，比 DLT 提高了 3.2%。在成功率方面，本书方法比 DFT 提高了 2.5% 左右，比 IVT 提高了 1.7% 左右，比 CT 提高了 0.9% 左右，比 DLT 提高了 0.4%。

以其中的某个振源为例，对保存的每帧图片进行分析，对比本书方法和 DFT、IVT、CT、DLT 方法的跟踪效果。图 5-8~图 5-12 中，可以看出作用域和特征点的识别主观效果。

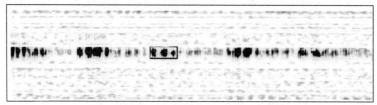

图 5-8　混合特征法中目标识别的主观效果

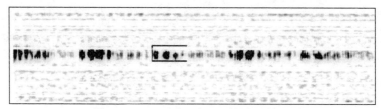

图 5-9　DFT 法中目标识别的主观效果

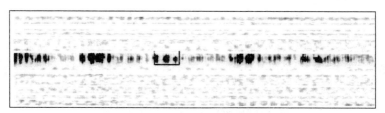

图 5-10　IVT 法中目标识别的主观效果

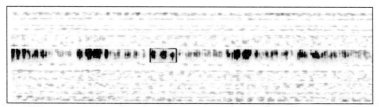

图 5-11　CT 法中目标识别的主观效果

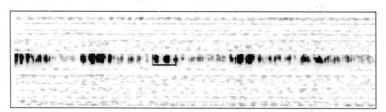

图 5-12　DLT 法中目标识别的主观效果

从主观效果来看，本书的方法，完美地框出了振源的范围，而另外四种方法却或多或少都有偏差，说明本书的方法对于Φ-OTDR信号转换成的图片具有更强的特征提取效果。

5.5　本章小结

根据上面的研究内容，本章提出了一种压缩感知下防数据膨胀方法。Φ-OTDR技术在实际应用中，在保留振场反演的关键要素的前提下，不依赖于硬件的提高，达到数据防膨胀的问题。因为Φ-OTDR信号和图像信号都是二维信号，所以将被采集的分布式振动信号进行图像方式的储存，大大地降低存储信号的内存大小。同时为了确定相应的降采样比例，验证保存图片是否保留振场反演关键要素，本章采用混合特征(纹理特征、形状特征和自提取特征)结合粒子滤波器方法，进行反演关键要素特征识别的效果，实验证明混合特征的效果确实要优于单独特征。该方法最终达到了既保留振场反演关键要素，又防止数据膨胀的目的。

6 结论与展望

6.1 结论

本书的研究主要围绕四个部分展开，第一是 Φ-OTDR 分布式信号振动模态与振场反演的建模研究，它是后续研究的基础，确定了后面三个部分的研究对象；第二是分布式振动模态的多维要素求解研究，对第一部分分析出的分布式振动模态中多维要素进行求解；第三是振场反演中关键要素的热力解耦研究，针对第一部分提出的反演中的关键要素，在已有的求解方法基础上，考虑预应力、预温度和热力耦合的影响，进行热力解耦处理；第四是 Φ-OTDR 膨胀数据的压缩感知研究，对 Φ-OTDR 中的膨胀数据进行压缩感知，在保留振场反演的关键要素基础上，大幅度提高运算效率、压缩存储空间。

（1）Φ-OTDR 分布式信号振动模态与振场反演的建模研究

Φ-OTDR 技术中的分布式振动信号是二维信号，除了时间轴上的固有频率、阻尼比和模态振型三个指标外，考虑到实际工程中的噪声复杂情况，引入了重要指标信噪比；在长度轴上，Φ-OTDR 信号其特征符合抽样函数 SA 函数曲线，因此根据 SA 信号中的对称轴位置和过零点之间距离，得到了两个重要的指标作用域和振源点；在时间轴和长度轴两个维度联合计算中，计算值和实际值一定会存在偏差，产生了重要指标时空差。在 Φ-OTDR 技术振动模态分析的基础上，振场反演是基于振源点、作用域和振动数据三个方面得到的，振源点决定了振场的中心，作用域决定了振动范围，振动数据是在振源点为圆心、作用域为直径的圆形内，进行涟漪状分布式排列。最终确定 Φ-OTDR 技术振动模态的多维要素包括固有频率、阻尼比、模态振型、信噪比、作用域、振源点、时空差，振场反演中的关键要素为作用域和振源点。

（2）分布式振动模态的多维要素求解研究

在第一部分中，得到了 Φ-OTDR 分布式振动信号振动模态的多维要素后，本书提出了相应的求解过程，包含三个部分：基于 2D-TESP 方法的提取信号方法研究，在兼容了 Φ-OTDR 分布式振动信号一阶导数和二阶导数特点的基础上，还保证算法计算效率；基于 GAEMDNMF 方法的信号分离方法研究，保证了 Φ-OTDR 信号在时间和长度两个维度中的信号模型完整，对分离后的信号进行一一对应，得到振动模态的各项多维要素；基于 Kalman-PID 方法的信号优化方法研究，使信号的分离效果得到了明显的提升。

（3）振场反演中关键要素的热力解耦研究

在 Φ-OTDR 技术中，根据第二部分提取出的作用域和振源点两个关键要素，为了可以兼容光纤上不同的预应力、预温度，对这两个关键指标进行更好的热力解耦计算。因此本书提出了一种热力解耦方法，融合了 BOTDR 采集光纤的预应力、预温度；GA-RBF 方法对预温度、预应力和热力耦合数据进行黑箱训练；3D-SURF 方法对时间、长度、热力耦合进行数据匹配，最终达到热力解耦的效果。

（4）Φ-OTDR 膨胀数据的压缩感知研究

根据上面的研究内容，在保留振场反演关键要素的基础上，为了解决 Φ-OTDR 技术随着采样率/分辨率增加或者时间/长度拓展所带来的数据膨胀问题，本书提出了图片式压缩感知的方法，对 Φ-OTDR 数据进行保留特征的压缩存储。因为 Φ-OTDR 信号和图像信号都是二维信号，所以将被采集的分布式振动信号进行图像方式的储存，大大地降低存储信号的内存大小，同时为了确定相应的降采样比例，验证保存图片是否保留振场反演关键要素，本书采用混合特征（纹理特征、形状特征和自提取特征）结合粒子滤波器方法进行要素特征识别。最终达到了既保留振场反演关键要素，又防止数据膨胀的目的。

综上所述，本书通过对上述四个部分的研究，完成了对 Φ-OTDR 分布式信号的振动模态分析和求解，反演分析及关键要素优化，以及防数据膨胀的目的。

6.2　展望

本书的研究主要围绕四个部分展开，第一是 Φ-OTDR 分布式信号振动模态与振场反演的建模研究；第二是分布式振动模态的多维要素求解研究；第三是振场反演中关键要素的热力解耦研究；第四是 Φ-OTDR 膨胀数据的压缩感知研究。因此，本书的研究尚存在一些不足，主要如下：

（1）针对振动模态和振动反演两个方面的建模研究，针对冲击振动信号，可以按照本书的方法进行模型构建，但是如果扩展到非衰减振动信号，如泄漏信号等，模型构建的方法不一定符合本书的方法，因此在未来Φ-OTDR技术的研究中还需更考虑多种信号的情况。

（2）针对模态的多维要素的求解方法，本书的方法并不能证明是唯一的求解方法，是否还存在更好地信号提取、信号分离、信号寻优的信号处理方法，没有最好的方法只有最适合的方法，因此希望在未来的研究中，可以研究出更多更好更合适的多维要素求解方法。

（3）针对Φ-OTDR技术中的热力解耦研究，本书采用的是神经网络进行黑箱训练的过程，黑箱的训练是一个相对折中的办法，但这种方法并不具有理论支撑，在未来的研究中，是否可以对热力耦合情况进行标准函数的构建，最终把热力耦合这种现象进行标准的表达。

（4）因为Φ-OTDR技术中数据量巨大，对于数据膨胀的问题，本书已经采用图片的方式进行压缩感知，能否在此基础上继续引入视频技术，进行信号的压缩感知，同时再利用音视频的技术，对信号进行图、音、文的匹配，也成为后续研究中重点关注的问题。

除了上述方面之外，针对Φ-OTDR技术的发展中，能否可以对其进行拆分或者组网，同时对相应的网络结构进行Hadoop等分布式计算，或者引入深度学习的方法，这些都是Φ-OTDR技术在未来研究中的重点问题。

参 考 文 献

[1] Mohamad H, Soga K , Bennett P , et al. Monitoring Twin Tunnel Interaction Using Distributed Optical Fiber Strain Measurements [J] . Journal of Geotechnical & Geoenvironmental Engineering, 2012, 138(8): 957-967.

[2] Sudhakar M P, Yaowen Y, Lun S W A I, et al. Fiber optic sensors for underground structural health monitoring: survivability of sensors under shotcreting and drill-and-blast impacts[J]. 2013.

[3] Mohamad H, Soga K, Amatya B. Thermal strain sensing of concrete piles using Brillouin optical time domain reflectometry [J] . Geotechnical Testing Journal, 2014, 37(2): 333-346.

[4] Zhang X F , Lv Z H , Meng X W , et al. Application of Optical Fiber Sensing Real-Time Monitoring Technology Using in Ripley Landslide[J]. Applied Mechanics and Materials, 2014, 610: 6.

[5] Linker R , Klar A. Detection of sinkhole formation by strain profile measurements using BOTDR: Simulation study[J]. Journal of Engineering Mechanics, 2015, 143(3): B4015002.

[6] Moffat R A , Beltran J F, Herrera R. Applications of BOTDR fiber optics to the monitoring of underground structures[J]. Geomech. Eng, 2015, 9: 397-414.

[7] Ding Y , Wang P , Yu S . A new method for deformation monitoring on H-pile in SMW based on BOTDA[J]. Measurement, 2015, 70: 156-168.

[8] Gao L, Ji B, Kong G, et al. Distributed measurement of temperature for PCC energy pile using BOFDA[J]. Journal of Sensors, 2015, 2015.

[9] Feng X, Wu W, Li X, et al. Experimental investigations on detecting lateral buckling for subsea pipelines with distributed fiber optic sensors[J] . Smart structures and systems, 2015, 15(2): 245-258.

[10] Zalesky J, Zalesky M, Sasek L, et al. Fiber optics applied for slope movements monitoring[M]. 2015.

[11] Wu J , Jiang H , Su J , et al. Application of distributed fiber optic sensing

technique in land subsidence monitoring[J]. Journal of Civil Structural Health Monitoring, 2015, 5(5): 587-597.

[12] Piao C, Yuan J, Shi B, et al. Application of distributed optical fiber sensing technology in the anomaly detection of shaft lining in grouting[J]. Journal of Sensors, 2015, 2015.

[13] Xianlong Y I, Huiming T, Yiping W U, et al. Application of the PPP-BOTDA distributed optical fiber sensor technology in the monitoring of the Baishuihe landslide [J]. Chinese Journal of Rock Mechanics & Engineering, 2016.

[14] Hong C Y, Zhang Y F, Liu L. Application of Distributed Optical Fiber Sensor for Monitoring the Mechanical Performance of a Driven Pile [J]. Measurement, 2016, 88: 186-193.

[15] Huan Z, Huiliang G E, Yafei F. Applications in bridge structure health monitoring using distributed fiber sensing[C]// Society of Photo-optical Instrumentation Engineers. Society of Photo-Optical Instrumentation Engineers (SPIE) Conference Series, 2017.

[16] Fajkus M, Nedoma J, Mec P, et al. Analysis of the highway tunnels monitoring using an optical fiber implemented into primary lining[J]. Journal of Electrical Engineering, 2017, 68(5): 364-370.

[17] Cheng-Yu H, Yi-Fan Z, Guo-Wei L, et al. Recent progress of using Brillouin distributed fiber sensors for geotechnical health monitoring [J]. Sensors & Actuators A Physical, 2017, 258.

[18] Miao P, Wang B, Shi B, et al. Application of feature point compression algorithm to pile foundation detection using distributed optical fiber[J]. Rock and Soil Mechanics, 2017, 38(3): 911-917.

[19] Gu K, Shi B, Liu C, et al. Investigation of land subsidence with the combination of distributed fiber optics sensing techniques and microstructure analysis of soils[J]. Engineering Geology, 2018, 240.

[20] Liu Y, Li W, He J, et al. Application of Brillouin optical time domain reflectometry to dynamic monitoring of overburden deformation and failure caused by underground mining[J]. International Journal of Rock Mechanics & Mining

Sciences, 2018, 106: 133-143.

[21] Jin W L, Shao J W, Zhang E Y. Basic strategy of health monitoring on submarine pipeline by distributed optical fiber sensor[C]//ASME 2003 22nd International Conference on Offshore Mechanics and Arctic Engineering. American Society of Mechanical Engineers, 2003: 531-536.

[22] Wang Y, Jiang Z. Application of Golay codes to distributed optical fiber sensor for long-distance oil pipeline leakage and external damage detection[J]. 中国光学快报(英文版), 2006, 4(3): 141-144.

[23] Joaquim F. MartinsFilho, Eduardo Fontana, J. Guimarães, et al. Multipoint fiber-optic-based corrosion sensor [J]. Proceedings of SPIE - The International Society for Optical Engineering, 2008, 7004.

[24] Wang Y, Li Z, Jiang Z. An improved distributed optical fiber sensor (DOFS) for monitoring long-distance buried oil pipeline leakage and intrusion [C]// IEEE Conference on Industrial Electronics & Applications. IEEE, 2009.

[25] Babin S A, Kuznetsov A G, Shelemba I S. Comparison of Raman and Fiber Bragg Grating-Based Fiber Sensor Systems for Distributed Temperature Measurements[J]. Key Engineering Materials, 2010, 437: 5.

[26] Braga A. Optical Fiber Sensors for the Oil and Gas Industry[C]// Bragg Gratings, Photosensitivity, & Poling in Glass Waveguides. 2014.

[27] Wu H, Qian Y, Li H, et al. Safety Monitoring of Long Distance Power Transmission Cables and Oil Pipelines with OTDR Technology[C]// Lasers & Electro-optics. IEEE, 2015.

[28] Wang F, Sun Z, Zhu F, et al. Research on the leakage monitoring of oil pipeline using BOTDR [C]// Progress in Electromagnetic Research Symposium. IEEE, 2016.

[29] Pan J, You H, Pan Y, et al. Application of optical sensing system in heavy oil recovery[J]. Measurement, 2016, 79: 198-202.

[30] Jin B, Wang Y, Wang Y, et al. Application research of distributed optical fiber sensing technology used in safety monitoring of coalbed methane pipelines [C]//Progress in Electromagnetic Research Symposium (PIERS). IEEE,

2016：4903-4906.

[31] Liu X，Wang Y，Jin B，et al. Real-time distributed oil/gas pipeline security pre warning system based on Φ - OTDR［C］// Progress in Electromagnetics Research Symposium-fall. IEEE，2018.

[32] 宋红伟，郭海敏，戴家才，张寒秋，李鹏. 分布式光纤井温法产液剖面解释方法研究［J］. 测井技术，2009，33(04)：384-387.

[33] 葛亮，胡泽，李俊兰. 基于分布式光纤的油井温度场测量系统设计［J］. 现代电子技术，2009，32(05)：102-104.

[34] 杜双庆，肖华平. 分布式光纤测温技术及其在稠油开采中的应用［J］. 内蒙古石油化工，2009，35(04)：113-115.

[35] 朱鸿，袁其祥. 分布式光纤测温技术在油田开发中的应用［J］. 胜利油田职工大学学报，2009，23(01)：42-43+72.

[36] 刘媛，雷涛，张勇，苏美开，刘统玉. 油井分布式光纤测温及高温标定实验［J］. 山东科学，2008，21(06)：40-44.

[37] 王忠东，闫铁，王宝辉，衣实贤. 分布光纤式输油管道安全监测预警系统［J］. 微计算机信息，2008(33)：58-60.

[38] 王忠东，王宝辉，闫铁，衣实贤. 一种分布光纤式石油管道防盗监测系统［J］. 大庆石油学院学报，2008(04)：70-72+84+137.

[39] Lu L，Liang Y，Li B，et al. Location of lightning stroke on OPGW by use of distributed optical fiber sensor［C］// International Symposium on Optoelectronic Technology & Application：Laser & Optical Measurement Technology；& Fiber Optic Sensors. International Society for Optics and Photonics，2014.

[40] Lu L，Liang Y，Li B，et al. Health monitoring of electric power communication line using a distributed optical fiber sensor［J］. Proceedings of SPIE - The International Society for Optical Engineering，2014，9274.

[41] Wu H，Luo J，Wu J，et al. Multi-point detection for polarization-sensitive optical time domain reflectometry and its applications in electric power industry［C］// Progress in Electromagnetic Research Symposium. IEEE，2016.

[42] 李卓明，李永倩，赵丽娟，何玉钧. 光纤布里渊传感器在电力系统光缆监测中的应用探讨［J］. 电力系统通信，2006(03)：37-41.

[43] 刘媛，张勇，雷涛，苏美开，刘统玉. 分布式光纤测温技术在电缆温度

监测中的应用[J]. 山东科学, 2008, 21(06): 50-54.

[44] 李秀琦, 侯思祖, 苏贵波. 分布式光纤测温系统在电力系统中的应用
[J]. 电力科学与工程, 2008(08): 37-40.

[45] Yan Ning, Qi Huang, Changhua Zhang, Yongxing Cao, Hui Li, Zhihang
Xue. The Feasibility Study of Monitoring System of Icing on Transmission Line
Based on Fiber Optic Sensor [P]. Electrical and Control Engineering
(ICECE), 2010 International Conference on, 2010.

[46] Qi Huang, Changhua Zhang, Qunying Liu, Yan Ning, Yongxing Cao. New
type of fiber optic sensor network for smart grid interface of transmission
system[P]. Power and Energy Society General Meeting, 2010 IEEE, 2010.

[47] 毕卫红, 张燕君, 苑宝义. 基于光散射的分布式光纤温度传感器网络及其
在智能电网中的应用[J]. 燕山大学学报, 2010, 34(05): 377-382+416.

[48] 李成宾, 杨志, 黄春林. 光纤布里渊传感在输电线路覆冰监测中的应用
[J]. 电力系统通信, 2009, 30(06): 37-41.

[49] Gunes Yilmaz, Sait Eser Karlik. A distributed optical fiber sensor for temperature detection in power cables[J]. Sensors & Actuators: A. Physical, 2005,
125(2).

[50] 周芸, 杨奖利. 基于分布式光纤温度传感器的高压电力电缆温度在线监
测系统[J]. 高压电器, 2009, 45(04): 74-76+81.

[51] 李双厚, 李庆延, 张国庆, 辛永恒. 基于分布式光纤测温的电力电缆温
度监测系统[J]. 山东工业技术, 2018(04): 156.

[52] 李荣伟, 李永倩. 高压电缆用分布式光纤传感检测系统[J]. 光纤与电
缆及其应用技术, 2010(01): 38-41.

[53] 成冠峰. 光纤传感器在坚强智能电网中的应用前景[J]. 光纤与电缆及
其应用技术, 2011(03): 22-26.

[54] Li Y, Wang T, Gao H W, et al. Development and Application of Composite Submarine Cable Online Monitoring System[J]. Applied Mechanics and
Materials, 2014, 552: 6.

[55] Hicke K, Hussels M T, René Eisermann, et al. Condition monitoring of industrial infrastructures using distributed fibre optic acoustic sensors[C]// Optical Fiber Sensors Conference. IEEE, 2017.

［56］刘春阳．光缆自动化监测系统［J］．光通信研究，2001(02)：51-55.

［57］卢麟，韦毅梅，王荣．基于嵌入式 OTDR 的光缆网自动监测系统［J］．光通信研究，2005(04)：50-53.

［58］段景汉，刘强，朱一宁，张家荣．光缆线路故障定位新方法［J］．光纤与电缆及其应用技术，2000(05)：41-44.

［59］Lu Y G，Zhang X P，Dong Y M，et al. Optical cable fault locating using Brillouin optical time domain reflectometer and cable localized heating method ［C］// 2007.

［60］李少卿，吴学智，余贝．φ-OTDR 在海底光缆扰动监测中的应用研究［J］．光纤与电缆及其应用技术，2018(02)：31-33+40.

［61］董向华．基于 φ-OTDR 技术的海缆扰动监测系统的研究［J］．光纤与电缆及其应用技术，2016(03)：32-33+38.

［62］Qin Y，Zhang J. Novel toggle-rate based energy-efficient scheme for heavy load real-time IM-DD OFDM-PON with ONU LLID identification in time-domain using amplitude decision［J］. Optics express，2017，25(14)：16771-16782.

［63］Soulsby D，Chica J A M. Determination of partition coefficients using 1H NMR spectroscopy and time domain complete reduction to amplitude-frequency table (CRAFT) analysis［J］. Magnetic Resonance in Chemistry，2017，55(8)：724-729.

［64］Benameur N，Caiani E G，Alessandrini M，et al. Left ventricular MRI wall motion assessment by monogenic signal amplitude image computation［J］. Magnetic resonance imaging，2018，54：109-118.

［65］Wijenayake C，Scutts J，Ignjatovićé A. Signal recovery algorithm for 2-level amplitude sampling using chromatic signal approximations［J］. Signal Processing，2018，153：143-152.

［66］Wang C，Fang Y. Majorization-Minimization-Based Sparse Signal Recovery Method Using Prior Support and Amplitude Information for the Estimation of Time-varying Sparse Channels［J］. KSII Transactions on Internet & Information Systems，2018，12(10).

［67］Nakashima Y，Yamazato T，Arai S，et al. Noise-aided demodulation with one-bit comparator for multilevel pulse-amplitude-modulated signals［J］.

IEEE Wireless Communications Letters, 2018.

[68] Zhou Y, Chang S H, Wu S, et al. FFT-ApEn Analysis for the Vibration Signal of a Rotating Motor[J]. International Journal of Acoustics & Vibration, 2018, 23(2).

[69] Miura O, Sasaki K, Wagatsuma K. Effect of the duty ratio on FFT power spectrum of the emission signal excited by square-wave-pulsed glow discharge plasma[J]. Microchemical Journal, 2018, 139: 62-68.

[70] Wen H, Zhang J, Yao W, et al. FFT-Based Amplitude Estimation of Power Distribution Systems Signal Distorted by Harmonics and Noise [J]. IEEE Transactions on Industrial Informatics, 2018, 14(4): 1447-1455.

[71] Wang L, Zhang W, Zhang Z, et al. Spinning frequency estimation algorithm of MEMS gyro's output signal based on FFT coefficient [J]. Microsystem Technologies, 2018, 24(4): 1789-1793.

[72] Liu A, Zhao L, Ding J, et al. Grouping FFT Based Two-Stage High Sensitivity Signal Acquisition With Sign Transitions[J]. IEEE Access, 2018, 6: 52479-52489.

[73] de Jesus Romero-Troncoso R. Multirate signal processing to improve FFT-based analysis for detecting faults in induction motors[J]. IEEE Transactions on Industrial Informatics, 2017, 13(3): 1291-1300.

[74] Yang C, Xiong Z, Guo Y, et al. LPI radar signal detection based on the combination of FFT and segmented autocorrelation plus PAHT[J]. Journal of Systems Engineering and Electronics, 2017, 28(5): 890-899.

[75] Saatci E. Correlation analysis of respiratory signals by using parallel coordinate plots[J]. Computer methods and programs in biomedicine, 2018, 153: 41-51.

[76] Ahirwal M K, Kumar A, Singh G K, et al. Scaled correlation analysis of e-lectroencephalography: a new measure of signal influence[J]. IET Science, Measurement & Technology, 2016, 10(6): 585-596.

[77] Sun H M, Jia R S, Du Q Q, et al. Cross-correlation analysis and time delay estimation of a homologous micro-seismic signal based on the Hilbert-Huang transform[J]. Computers & Geosciences, 2016, 91: 98-104.

[78] Bazulin E G. Two approaches to the solution of problems of ultrasonic flaw me-

tering: Analysis of a high-quality image of reflectors and correlation analysis of measured echo signals [J]. Russian Journal of Nondestructive Testing, 2016, 52(2): 60-77.

[79] Amina M S, Fethi M B R. Analysis of carotid arterial doppler signals using STFT and Wigner-Ville Distribution (WVD) [J]. Journal of Mechanics in Medicine and Biology, 2009, 9(01): 49-62.

[80] Wu Y, Li X. Elimination of cross-terms in the Wigner-Ville distribution of multi-component LFM signals [J]. IET Signal Processing, 2017, 11(6): 657-662.

[81] Wu J, Chen X, Ma Z. A Signal Decomposition Method for Ultrasonic Guided Wave Generated from Debonding Combining Smoothed Pseudo Wigner-Ville Distribution and Vold-Kalman Filter Order Tracking [J]. Shock and Vibration, 2017, 2017.

[82] Xu C, Wang C, Liu W. Nonstationary Vibration Signal Analysis Using Wavelet-Based Time-Frequency Filter and Wigner-Ville Distribution [J]. Journal of Vibration and Acoustics, 2016, 138(5): 051009.

[83] Cao Y J, Li B Z, Li Y G, et al. Logarithmic uncertainty relations for odd or even signals associate with Wigner-Ville distribution [J]. Circuits, Systems, and Signal Processing, 2016, 35(7): 2471-2486.

[84] Song Y E, Zhang X Y, Shang C H, et al. The Wigner-Ville distribution based on the linear canonical transform and its applications for QFM signal parameters estimation [J]. Journal of Applied Mathematics, 2014, 2014.

[85] Yang Z, Zhang Q, Zhou F, et al. Hilbert spectrum analysis of piecewise stationary signals and its application to texture classification [J]. Digital Signal Processing, 2018, 82: 1-10.

[86] Chidean M I, Barquero-Pérez Ó, Goya-Esteban R, et al. Full Band Spectra Analysis of Gait Acceleration Signals for Peripheral Arterial Disease Patients [J]. Frontiers in physiology, 2018, 9.

[87] Wang Y, Liu Z, Ma S. Cuff-less blood pressure measurement from dual-channel photoplethysmographic signals via peripheral pulse transit time with singular spectrum analysis [J]. Physiological measurement, 2018, 39

（2）：025010.

[88] Angelova S, Ribagin S, Raikova R, et al. Power frequency spectrum analysis of surface EMG signals of upper limb muscles during elbow flexion-A comparison between healthy subjects and stroke survivors[J]. Journal of Electromyography and Kinesiology, 2018, 38: 7-16.

[89] Scheihing K W. Evidence of short-term groundwater recharge signal propagation from the Andes to the central Atacama Desert: a singular spectrum analysis approach[J]. Hydrological Sciences Journal, 2018, 63(8): 1255-1261.

[90] Elefante A, Nilsen M, Sikström F, et al. Detecting beam offsets in laser welding of closed-square-butt joints by wavelet analysis of an optical process signal[J]. Optics & Laser Technology, 2019, 109: 178-185.

[91] Reju S A, Kgabi N A. Wavelet analyses and comparative denoised signals of meteorological factors of the namibian atmosphere[J]. Atmospheric Research, 2018, 213: 537-549.

[92] Schaefer L V, Bittmann F N. Coherent behavior of neuromuscular oscillations between isometrically interacting subjects: experimental study utilizing wavelet coherence analysis of mechanomyographic and mechanotendographic signals[J]. Scientific reports, 2018, 8(1): 15456.

[93] Wang Z, Ning J, Ren H L. Intelligent identification of cracking based on wavelet transform and artificial neural network analysis of acoustic emission signals [J] . Insight - Non - Destructive Testing and Condition Monitoring, 2018, 60(8): 426-433.

[94] Bose P A, Sasikumar T, Jose P A, et al. Acoustic Emission Signal Analysis and Event Extraction through Tuned Wavelet Packet Transform and Continuous Wavelet Transform While Tensile Testing the AA 2219 Coupon [J]. International Journal of Acoustics and Vibration, 2018, 23(2): 234-239.

[95] He P, She T, Li W, et al. Single channel blind source separation on the instantaneous mixed signal of multiple dynamic sources[J]. Mechanical Systems and Signal Processing, 2018, 113: 22-35.

[96] Wedekind D, Kleyko D, Osipov E, et al. Robust Methods for Automated Selection of Cardiac Signals after Blind Source Separation[J]. IEEE Transactions

on Biomedical Engineering, 2018.

[97] Xin C, Xiang W, Zhitao H, et al. Single Channel Blind Source Separation of Communication Signals Using Pseudo–MIMO Observations[J]. IEEE Communications Letters, 2018.

[98] Wei L, Liu Y, Cheng D, et al. A Novel Partial Discharge Ultra–High Frequency Signal De–Noising Method Based on a Single–Channel Blind Source Separation Algorithm[J]. Energies, 2018, 11(3): 509.

[99] Yang Y, Zhang D, Peng H. Single–channel blind source separation for paired carrier multiple access signals[J]. IET Signal Processing, 2017, 12 (1): 37–41.

[100] Susanto A, Liu C H, Yamada K, et al. Application of Hilbert–Huang transform for vibration signal analysis in end–milling[J]. Precision Engineering, 2018.

[101] Gu F C, Chen H C, Chao M H. Application of improved Hilbert–Huang transform to partial discharge signal analysis[J]. IEEE Transactions on Dielectrics and Electrical Insulation, 2018, 25(2): 668–677.

[102] Hu B, Zhang X, Mu J, et al. Spasticity assessment based on the Hilbert–Huang transform marginal spectrum entropy and the root mean square of surface electromyography signals: a preliminary study[J]. Biomedical engineering online, 2018, 17(1): 27.

[103] Zao L, Coelho R. On the Estimation of Fundamental Frequency From Nonstationary Noisy Speech Signals Based on the Hilbert–Huang Transform [J]. IEEE Signal Processing Letters, 2018, 25(2): 248–252.

[104] Chen X, Yang Y. Analysis of the partial discharge of ultrasonic signals in large motor based on Hilbert–Huang transform [J]. Applied Acoustics, 2018, 131: 165–173.

[105] Schmidt M, Krug J W, Rosenheimer M N, et al. Filtering of ECG signals distorted by magnetic field gradients during MRI using non–linear filters and higher–order statistics [J]. Biomedical Engineering/Biomedizinische Technik, 2018, 63(4): 395–406.

[106] Palahina E, Gamcová M, Gladišová I, et al. Signal Detection in Correlated

Non-Gaussian Noise Using Higher-Order Statistics[J]. Circuits, Systems, and Signal Processing, 2018, 37(4): 1704-1723.

[107] Geryes M, Ménigot S, Hassan W, et al. Detection of doppler microembolic signals using high order statistics[J]. Computational and mathematical methods in medicine, 2016.

[108] Mohebbi M. A novel application of higher order statistics of RR interval signal in EMD domain for predicting termination of areical fibrillation[J]. Journal of Biological Systems, 2015, 23(01): 115-130.

[109] Jerritta S, Murugappan M, Wan K, et al. Emotion recognition from facial EMG signals using higher order statistics and principal component analysis [J]. Journal of the Chinese Institute of Engineers, 2014, 37(3): 385-394.

[110] Savić A G, Mojović M. Free radicals identification from the complex EPR signals by applying higher order statistics[J]. Analytical chemistry, 2012, 84(7): 3398-3402.

[111] Gabbai R D, Benaroya H. An overview of modeling and experiments of vortex-induced vibration of circular cylinders[J]. Journal of Sound and Vibration, 2005, 282(3-5): 575-616.

[112] Zhou W, Chelidze D. Blind source separation based vibration mode identification [J]. Mechanical systems and signal processing, 2007, 21(8): 3072-3087.

[113] Zhang Q, Chen W, Liu Y, et al. A frog - shaped linear piezoelectric actuator using first-order longitudinal vibration mode[J]. IEEE Transactions on Industrial Electronics, 2017, 64(3): 2188-2195.

[114] Couto R C, Cruz V V, Ertan E, et al. Selective gating to vibrational modes through resonant X - ray scattering [J]. Nature communications, 2017, 8: 14165.

[115] Yoshida J, Tanaka K, Nakamoto R, et al. Combination Analysis of Operational TPA and CAE Technique for Obtaining High Contributing Vibration Mode[R]. SAE Technical Paper, 2017.

[116] Castille C, Dufour I, Lucat C. Longitudinal vibration mode of piezoelectric thick-film cantilever-based sensors in liquid media [J]. Applied Physics Letters, 2010, 96(15): 154102.

[117] Komeda T, Kim Y, Kawai M, et al. Lateral hopping of molecules induced by excitation of internal vibration mode[J]. Science, 2002, 295(5562): 2055-2058.

[118] Lei Z X, Liew K M, Yu J L. Free vibration analysis of functionally graded carbon nanotube-reinforced composite plates using the element-free kp-Ritz method in thermal environment[J]. Composite Structures, 2013, 106(3): 128-138.

[119] Papadopoulos C A, Dimarogonas A D. Stability of cracked rotors in the coupled vibration mode[J]. Journal of vibration, acoustics, stress, and reliability in design, 1988, 110(3): 356-359.

[120] Overney G, Zhong W, Tomanek D. Structural rigidity and low frequency vibrational modes of long carbon tubules[J]. Zeitschrift für Physik D Atoms, Molecules and Clusters, 1993, 27(1): 93-96..

[121] Kitazaki S, Griffin M J. A modal analysis of whole-body vertical vibration, using a finite element model of the human body[J]. Journal of Sound and Vibration, 1997, 200(1): 83-103.

[122] Kataoka S. Study on the Mechanism of Fatigue Failure at Branch Connections Caused by Shell Mode Vibration[C] ASME 2017 Pressure Vessels and Piping Conference. American Society of Mechanical Engineers, 2017: V004T04A059-V004T04A059.

[123] Rezaeisaray M, El Gowini M, Sameoto D, et al. Low frequency piezoelectric energy harvesting at multi vibration mode shapes[J]. Sensors and Actuators A: Physical, 2015, 228: 104-111.

[124] Liu H, Zhang J, Cheng Y, et al. Fault diagnosis of gearbox using empirical mode decomposition and multi-fractal detrended cross-correlation analysis [J]. Journal of Sound and Vibration, 2016, 385: 350-371.

[125] Alhazza K A. Adjustable maneuvering time wave-form command shaping control with variable hoisting speeds[J]. Journal of Vibration and Control, 2017, 23(7): 1095-1105.

[126] Huizhong GAO, Lin L, Xiaoguang C, et al. Feature extraction and recognition for rolling element bearing fault utilizing short-time Fourier transform

and non-negative matrix factorization [J]. Chinese Journal of Mechanical Engineering, 2015, 28(01): 1.

[127] Li B, Zhang P, Tian H, et al. A new feature extraction and selection scheme for hybrid fault diagnosis of gearbox [J]. Expert Systems with Applications, 2011, 38(8): 10000-10009.

[128] Li B, Zhang P, Liu D, et al. Feature extraction for rolling element bearing fault diagnosis utilizing generalized S transform and two-dimensional non-negative matrix factorization [J]. Journal of Sound and Vibration, 2011, 330(10): 2388-2399.

[129] Li B, Zhang P L, Liang S B, et al. Feature extraction for engine fault diagnosis utilizing the generalized S-transform and non-negative tensor factorization [J]. Proceedings of the Institution of Mechanical Engineers, Part C: Journal of Mechanical Engineering Science, 2011: 0954406211403360.

[130] Rai A, Upadhyay S H. Bearing performance degradation assessment based on a combination of empirical mode decomposition and k-medoids clustering [J]. Mechanical Systems & Signal Processing, 2017, 93: 16-29.

[131] 王艳, 李文藻, 张意, 等. 基于改进TESP算法的边防车辆类型声音识别[J]. 四川大学学报工程科学版, 2014(S2): 122-127.

[132] Sher M, Ahmad N, Sher M. TESPAR feature based isolated word speaker recognition system [C]// International Conference on Automation and Computing. 2012: 1-4.

[133] Lee D D, Seung H S. Learning the parts of objects by non-negative matrix factorization [J]. Nature, 1999, 401(6755): 788-791.

[134] Shon S, Mun S, Han D, et al. Non-negative matrix factorisation-based subband decomposition for acoustic source localisation [J]. Electronics Letters, 2015, 51(22): 1723-1724.

[135] Ozerov A, Févotte C. Multichannel nonnegative matrix factorization in convolutive mixtures for audio source separation [J]. IEEE Transactions on Audio, Speech, and Language Processing, 2010, 18(3): 550-563.

[136] Sobhaniaragh B, Batra R C, Mansur W J, et al. Thermal response of ceramic matrix nanocomposite cylindrical shells using Eshelby-Mori-Tanaka

homogenization scheme[J]. Composites Part B: Engineering, 2017, 118: 41-53.

[137] Yang W D, Kang W B, Wang X. Scale-dependent pull-in instability of functionally graded carbon nanotubes-reinforced piezoelectric tuning nano-actuator considering finite temperature and conductivity corrections of Casimir force[J]. Composite Structures, 2017, 176: 460-470.

[138] Allahkarami F, Nikkhah-Bahrami M, Saryazdi M G. Damping and vibration analysis of viscoelastic curved microbeam reinforced with FG-CNTs resting on viscoelastic medium using strain gradient theory and DQM[J]. Steel and Coposite Structures, 2017, 25(2): 141-155.

[139] Ebrahimi F, Jafari A, Barati M R. Dynamic modeling of porous heterogeneous micro/nanobeams[J]. The European Physical Journal Plus, 2017, 132 (12): 521.

[140] Mehnert M, Hossain M, Steinmann P. Towards a thermo-magneto-mechanical coupling framework for magneto-rheological elastomers[J]. International Journal of Solids and Structures, 2017, 128: 117-132.

[141] Pandey A, Arockiarajan A. An experimental and theoretical fatigue study on macro fiber composite (MFC) under thermo-mechanical loadings [J]. European Journal of Mechanics-A/Solids, 2017, 66: 26-44.

[142] Sobhaniaragh B, Batra R C, Mansur W J, et al. Thermal response of ceramic matrix nanocomposite cylindrical shells using Eshelby-Mori-Tanaka homogenization scheme[J]. Composites Part B: Engineering, 2017, 118: 41-53.

[143] Farokhi H, Ghayesh M H. Nonlinear thermo-mechanical behaviour of MEMS resonators[J]. Microsystem Technologies, 2017, 23(12): 5303-5315.

[144] Jose S, Chakraborty G, Bhattacharyya R. Coupled thermo-mechanical analysis of a vibration isolator made of shape memory alloy [J]. International Journal of Solids and Structures, 2017, 115: 87-103.

[145] Jaipurkar T, Kant P, Khandekar S, et al. Thermo-mechanical design and characterization of flexible heat pipes [J]. Applied Thermal Engineering, 2017, 126: 1199-1208.

[146] Wang L, Dong Y H, Li Y H. Vibration analysis of a thermo-mechanically coupled large-scale welded wall based on an equivalent model[J]. Applied Mathematical Modelling, 2017, 50: 347-360.

[147] Arefi M, Zenkour A M. Vibration and bending analyses of magneto-electro-thermo-elastic sandwich microplates resting on viscoelastic foundation [J]. Applied Physics A, 2017, 123(8): 550.

[148] Mondal T, Ragot N, Ramel J Y, et al. Comparative study of conventional time series matching techniques for word spotting[J]. Pattern Recognition, 2018, 73: 47-64.

[149] Ding Jr I, Yen C T, Hsu Y M. Developments of machine learning schemes for dynamic time-wrapping-based speech recognition [J]. Mathematical Problems in Engineering, 2013, 2013.

[150] LEE K S. HMM-based Maximum likelihood frame alignment for voice conversion from a nonparallel corpus[J]. IEICE Transactions on Information and Systems, 2017, 100(12): 3064-3067.

[151] Shahmoradi S, Shouraki S B. Evaluation of a novel fuzzy sequential pattern recognition tool (fuzzy elastic matching machine) and its applications in speech and handwriting recognition [J]. Applied Soft Computing, 2018, 62: 315-327.

[152] Kinnunen T, Karpov E, Franti P. Real-time speaker identification and verification[J]. IEEE Transactions on Audio, Speech, and Language Processing, 2006, 14(1): 277-288.

[153] Zhou G, Mikhael W B, Myers B. Novel discriminative vector quantization approach for speaker identification[J]. Journal of Circuits, Systems, and Computers, 2005, 14(03): 581-596.

[154] Wang G, Wang Z, Chen Y, et al. Removing mismatches for retinal image registration via multi-attribute-driven regularized mixture model [J]. Information Sciences, 2016, 372: 492-504.

[155] Cao Q, Sisniega A, Brehler M, et al. Modeling and evaluation of a high-resolution CMOS detector for cone - beam CT of the extremities [J]. Medical physics, 2017.

[156] Biju V G, Mythili P. Possibilistic reformed fuzzy local information clustering technique for noisy microarray image spots segmentation[J]. Current Science (00113891), 2017, 113(6).

[157] Wang Z, Xue J H. Matched shrunken subspace detectors for hyperspectral target detection[J]. Neurocomputing, 2018, 272: 226-236.

[158] Geng X, Xu Q, Xing S, et al. A Novel Pixel-Level Image Matching Method for Mars Express HRSC Linear Pushbroom Imagery Using Approximate Orthophotos[J]. Remote Sensing, 2017, 9(12): 1262.

[159] Abdechiri M, Faez K, Amindavar H, et al. Chaotic target representation for robust object tracking [J]. Signal Processing: Image Communication, 2017, 54: 23-35.

[160] Zhao C, Lee W S, He D. Immature green citrus detection based on colour feature and sum of absolute transformed difference (SATD) using colour images in the citrus grove [J]. Computers and Electronics in Agriculture, 2016, 124: 243-253.

[161] Yang H, Zheng S, Lu J, et al. Polygon-invariant generalized Hough transform for high-speed vision-based positioning[J]. IEEE Transactions on Automation Science and Engineering, 2016, 13(3): 1367-1384.

[162] Malekabadi A J, Khojastehpour M, Emadi B. A comparative evaluation of combined feature detectors and descriptors in different color spaces for stereo image matching of tree[J]. Scientia Horticulturae, 2018, 228: 187-195.

[163] Meng Q, Lu X, Zhang B, et al. Research on the ROI registration algorithm of the cardiac CT image time series[J]. Biomedical Signal Processing and Control, 2018, 40: 71-82.

[164] Li Y, Wang G, Nie L, et al. Distance metric optimization driven convolutional neural network for age invariant face recognition[J]. Pattern Recognition, 2018, 75: 51-62.

[165] Xu Y, Li S, Zhang D, et al. Identification framework for cracks on a steel structure surface by a restricted Boltzmann machines algorithm based on consumer-grade camera images[J]. Structural Control and Health Monitoring, 2017.

[166] Kishida K, Yamauchi Y, Guzik A. Study of optical fibers strain−temperature sensitivities using hybrid Brillouin – Rayleigh System [J]. Photonic sensors, 2014, 4(1): 1−11.

[167] Han S, Liu X, Chen J, et al. A real−time data compression algorithm for gear fault signals[J]. Measurement, 2016, 88: 165−175.

[168] Malovic M, Brajovic L, Sekara T, et al. Lossless Compression of Vibration Signals on an Embedded Device Using a TDE Based Predictor [J]. Elektronika Ir Elektrotechnika, 2016, 22(2).

[169] Huang Q, Tang B, Deng L, et al. A divide−and−compress lossless compression scheme for bearing vibration signals in wireless sensor networks [J]. Measurement, 2015, 67: 51−60.

[170] Guo W, Tse P W. A novel signal compression method based on optimal ensemble empirical mode decomposition for bearing vibration signals [J]. Journal of Sound & Vibration, 2013, 332(2): 423−441.

[171] Yang Y, Yang J, Zhang Z, et al. High−speed visual target tracking with mixed rotation invariant description and skipping searching[J]. Science China, 2017, 60(6): 062401.

[172] Xia J, Rao W, Huang W, et al. Automatic multi−vehicle tracking using video cameras: An improved CAMShift approach[J]. Ksce Journal of Civil Engineering, 2013, 17(6): 1462−1470.

[173] Xiao C, Gan J, Hu X. Fast level set image and video segmentation using new evolution indicator operators[J]. Visual Computer, 2013, 29(1): 27−39.

[174] Ren N, Du J, Zhu S, et al. Robust visual tracking based on scale invariance and deep learning[J]. Frontiers of Computer Science in China, 2017, 11(2): 230−242.

[175] Ahonen T, Matas J, He C, et al. Rotation Invariant Image Description with Local Binary Pattern Histogram Fourier Features [C]// Image Analysis, Scandinavian Conference, Scia 2009, Oslo, Norway, June 15 – 18, 2009. Proceedings. DBLP, 2009: 61−70.

[176] Scott G J, England M R, Starms W A, et al. Training Deep Convolutional Neural Networks for Land−Cover Classification of High−Resolution Imagery

[J]. IEEE Geoscience & Remote Sensing Letters, 2017, PP(99): 1–5.

[177] Zhao G, Ahonen T, Matas J, et al. Rotation–invariant image and video description with local binary pattern features [J]. IEEE Transactions on Image Processing A Publication of the IEEE Signal Processing Society, 2012, 21(4): 1465–1477.

[178] Zhao X, Dawson D, Sarasua W A, et al. Automated Traffic Surveillance System with Aerial Camera Arrays Imagery: Macroscopic Data Collection with Vehicle Tracking [J]. Journal of Computing in Civil Engineering, 2017, 31(3): 04016072.

[179] Hu Y, Li L. 3D Reconstruction of End–Effector in Autonomous Positioning Process Using Depth Imaging Device [J]. Mathematical Problems in Engineering, 2016(10): 1–16.